Bären
Hunger

Reno Sommerhalder

Bären Hunger

Geschichten und Rezepte
aus der Wildnis

Annäherung an ein
außergewöhnliches Tier

at VERLAG

Inhalt

Vorwort von Wolf-Dieter Storl 7
Einleitung 11
Ähnlichkeiten 13

Meine ersten Bären 19
    BÄREN-NUSS-TORTE 28

Essen wie ein Bär 31
    BÄREN-GEMÜSE-KRAPFEN 40

Bedürfnis nach der Wildnis 43
    BISON-CARPACCIO 54

Auch Bären haben Gefühle 57
    **POLENTA-PFANNKUCHEN MIT WEIDERÖSCHENSIRUP,
    WILDEN HEIDEL- UND ERDBEEREN 68**

Der Lachs und die Heidelbeere im Bären 71
    **LÖWENZAHNSALAT MIT GEHACKTEM EI
    UND GERÖSTETEN PINIENKERNEN 86**

Fische räuchern 89
    GERÄUCHERTER SILBERLACHS 100

Gefährliche Bären 103
    **DISTELRAHMSUPPE MIT HUNDSZAHNKNOLLEN, WILDZWIEBELN
    UND SONNENBLUMENKERNEN 114**

Nüsse, Eier und Löwenzahn 117
    **OMELETTE AUS ENTENEIERN MIT BRENNNESSELSPINAT
    UND GEDÄMPFTEN WEIDERÖSCHENSPROSSEN 128**

Im Jetzt sein 131
    **SORBET VON HAGEBUTTEN UND WILDAPFEL
    AUF WILDBEERENCOULIS 140**

Doug & Kris Tompkins – Hoffnung am Horizont 143
    HEILBUTT MIT KNOLLEN DER SCHATTEN-SCHACHBLUME,
    ENTENEI UND WILDEM SCHNITTLAUCH 154

Pazifischer Wildlachs 157
    WEISSWEDELHIRSCH MIT LÖWENZAHNSPINAT,
    WILDMORCHELN UND ERDBEEREN 168

Epileptischer Anfall 171
    MAULTIERHIRSCHBURGER MIT MORCHELN UND
    LÖWENZAHN-WEIDERÖSCHENSPROSSEN-SALAT 180

Winterruhe 183
    CHORIZO VOM MAULTIERHIRSCH MIT SÄUERLINGSALAT
    UND HUNDSZAHNKNOLLEN 192

Bären essen keine Pilze! Oder doch? 195
    WILDENTE AUF PREISELBEER-WILDAPFEL-SAUCE
    MIT EIERSCHWÄMMEN 202

Wasser und Luft 205
    LACHS- UND MUSCHEL-UCHA MIT FARNSPITZEN
    UND HERINGSKAVIAR 216

Charlie Russell 219
    GERÄUCHERTER SILBERLACHS MIT ENTENSPIEGELEI
    UND SEESPARGEL-SALZMIEREN-SALAT 230

    WILDSCHWEIN MIT BLAUEM KARTOFFELPÜREE,
    MARRONI, ÄPFELN UND STEINPILZEN 232

Dank 236
Autor 238
Rezeptverzeichnis 239

Vorwort

von Wolf-Dieter Storl

Der alte Cheyenne-Medizinmann Tallbull erzählte mir einmal Geschichten aus seiner frühen Kindheit. Er erzählte, wie die Frauen des Stammes – junge, alte, schwangere – mit ihren Kindern im Herbst in die Wildnis zogen, um Beeren zu sammeln. Die erbeuteten Wildfrüchte wurden dann getrocknet, mit zerstampftem Dörrfleisch gemischt, in Büffelschmalz gewalkt und als Kraftnahrung für den Winter aufbewahrt. Auch die Bären futterten fleißig an denselben Beerenbüschen, und zwar so nahe, dass man sie schmatzen und rülpsen hörte und sogar riechen konnte. »Sie rochen nicht besonders gut«, sagte Tallbull. Kein Schutz war nötig, niemand mit einem Betäubungsgewehr, nie waren die Bären gefährlich, solange man ihnen immer respektvoll Vortritt gewährte.

Ja, die Bären fressen gerne das, was auch den Menschen schmeckt. Deswegen habe ich bei meinen Ausflügen in die Wildnis Wyomings und Montanas, etwa in den Bighorn Mountains, am Abend immer eine Leine hoch oben zwischen zwei Bäumen gespannt, um meinen Rucksack mit dem Nahrungsvorrat vor ihrem Hunger zu schützen; so konnte ich dann entspannt am Lagerfeuer schlafen. Das war in den 1960er-Jahren, einer Zeit, in der Dutzende, wenn nicht Hunderte Bären mit ihren Welpen an den Straßenrändern des Yellowstone Nationalparks herumlungerten, um Leckerbissen aus Zucker, Weißmehl oder fettigen Chips zu erbetteln. Die Bären waren die absolute Touristenattraktion. Nur bekam es den Petzen leider nicht gut. Die Bären im Nationalpark, einmal auf den Geschmack gekommen, verloren ihre Scheu vor den Menschen und stöberten dann unbekümmert in den Müllcontainern hinter den Hotels, brachen in Zelte und Ferienhütten ein, und wenn ihnen jemand in die Quere kam, gingen sie nicht unbedingt zimperlich mit dieser Person um. Die Parkadministration versuchte, notorische »Müllbären« mit Fallen zu fangen und sie in eine entfernte, menschenleere Gegend umzusiedeln, aber meistens waren sie sofort wieder zurück in heimatlichen Gefilden, an ihrem angestammten Bettelplatz. Und wenn das geschah, wurden sie von den Rangern erschossen. In den 1960er-Jahren verloren um die vierzig Bären pro Jahr auf diese tragische Weise im Yellowstone-Park ihr Leben.

Der zottelige Waldbewohner ist ein Vielfraß und Feinschmecker, mit einem Hang zu Süßem und Saurem. Er liebt Waldhonig, süße und saure Beeren aller Art und den zuckerhaltigen Frühjahrssaft des Ahorns, deren Rinde er anritzt und mit sichtlichem Behagen schleckt.

Es wurde sogar beobachtet, wie er Kleeblüten und andere nektarreiche Blumen aussaugt. Als saure Gaumenkitzel kommen vor allem Ameisenlarven und -eier in Betracht. Dem sauerkrautähnlichen Duft der Futtersilos auf den Farmen im Westen Nordamerikas kann er ebenso wenig widerstehen wie den Körben der Imker.

Wenn Meister Petz aus dem Winterschlaf erwacht, löscht er zuerst seinen immensen Durst mit frischem Wasser. Dann sucht er sich frisches, saftiges Gras, wilde Zwiebeln, die sich gerade entrollenden Adlerfarnwedel, ganz junge Brennnesseln, Sauerampfer, wilden Lauch, Kressen und anderes zartes Grünzeug. Also genau die Frühlingskräuter, die sich die Menschen sammeln, um das Blut zu entschlacken, die Drüsen anzuregen und die Frühjahrsmüdigkeit zu überwinden. Der berühmte Kräuterpfarrer Johann Künzle war davon überzeugt, dass die Menschen diese Verwendung der Frühlingskräuter den Bären abgeschaut hätten – das glauben übrigens auch viele der amerikanischen Ureinwohnerinnen und -einwohner. Und es ist tatsächlich so, dass sich der Speisezettel des Bären nur geringfügig von dem der traditionellen Wildbeuter, der vorgeschichtlichen Jäger und Sammlerinnen unterscheidet. Das Gebiss des Bären verrät, dass er wie der Mensch ein Allesfresser ist. Beim Fressen führt Meister Petz seine Vorderpfote zur Schnauze, so wie der Mensch seine Hände.

Im Sommer ernährt sich der Bär weiterhin von Kräutern und Wurzeln, schlägt Fische mit gezielten Schlägen aus dem Wasser, holt sich Mäuse, Schnecken, Heuschrecken, Raupen, Froschlaich, Muscheln und anderes Kleingetier; er kratzt Ritzen und dreht Steine um, unter denen sich Würmer und Käfer versteckt halten.

Der Bär lebt vorrangig vegetarisch. Fünfundsiebzig bis achtzig Prozent seiner Nahrung sind pflanzlich, der Rest ist tierischen Ursprungs. Wie Völkerkundlerinnen und Urgeschichtler ermittelten, entspricht dieses Verhältnis auch der Diät der meisten Jäger- und Sammlervölker.

Auch das Fleisch toter Tiere nehmen die Bären genauso gerne wie die Menschen. Aber während die Menschen es braten, kochen, pökeln oder trocknen, vergraben es die Bären für einige Tage, um es mürbe und schmackhaft zu machen. In kleineren Portionen mögen die Bären auch rohes Fleisch, ähnlich wie Gourmets ihr Steak oder wie die Inuit, für die ranziges rohes Fleisch eine Delikatesse ist.

Der Bär ist kein wirkliches Raubtier. Er ist kein begeisterter Jäger. Anstatt sich bei der Jagd anzustrengen, nimmt er lieber das Recht des Stärkeren in Anspruch – er ist ja, wie alte Mythen berichten, der »König der Wälder« – und nimmt den Wölfen, Pumas (Berglöwen) und sogar den Sibirischen Tigern ihre frisch erlegte Beute weg. In wissenschaftlichen Studien wurde etwa gezeigt, dass Grizzlybären in den Rocky Mountains den Pumas bis zu einem Viertel ihrer Beute abjagen.

Im Herbst mästen sich die Bären mit Nüssen, Eicheln, Bucheckern, Wildobst, Pinienkernen, Pilzen, Wurzeln und anderen Leckerbissen. Bis zu 200 000 Beeren – Verhaltensforscherinnen haben sie gezählt – streift ein Bär pro Tag von den Büschen. In den Weinbergen des alten Roms wurden die Bären zur regelrechten Plage.

Genau wie die ehemaligen nomadischen Jäger und Sammlerinnen ziehen die Bären mit den Jahreszeiten von einem Ort zum anderen. Sie wandern mit der gestaffelten Reifezeit der Beeren und Wildfrüchte in die Berge und in höhere Lagen; zur Zeit der Lachszüge begeben sie sich wieder in die Flusstäler. Wenn sie unterwegs einen *Homo sapiens* treffen, dulden sie diesen, solange er ihnen höflich Vortritt gewährt. Wenn ein Bär bei einer solchen Begegnung mit der Zunge über die Schnauze fährt, bedeutet das nicht, dass ihm beim Gedanken an Menschenfleisch das Wasser im Maul zusammenläuft, sondern dass er mit feuchter Nase seine Gäste besser erschnuppern kann. Nur Angstschweiß mag er absolut nicht riechen, denn das macht ihm als hochsensiblem Wesen ebenfalls Angst.

Bei Reno Sommerhalder haben die Bären nie Angstschweiß riechen müssen. Er kennt Bären wie kaum ein anderer und kann mit ihnen reden. Ich bin sehr froh, dass er dieses wunderbare Buch voller spannender Erzählungen und leckerer Rezepte, denen kein Petz widerstehen kann, geschrieben hat.

Einleitung

Warum dieses Buch? Dafür gibt es einige Gründe. Zuallererst vielleicht diesen: Alles, was ich tue, hängt mit meinem Wunsch zusammen, die Harmonie zwischen uns Menschen und der Natur zu stärken. Der Bär ist dafür ein wunderbarer Vermittler, weil er auf viele Menschen eine große Anziehungskraft ausübt und als Schlüsselart eines funktionierenden Ökosystems schlechthin gilt. Das heißt: Schützt man den Bären, schützt man gleichzeitig etliche andere Tierarten.

Aber auch andere Gründe spielten eine Rolle. Ich wollte ein einzigartiges Buch schreiben, ein Buch, das es so noch nicht gibt. Natürlich wurde zum Thema Bären schon unendlich viel publiziert – soviel ich weiß, jedoch noch kein Kochbuch, das fast ausschließlich Zutaten der natürlichen Nahrung von Bären enthält. Natürlich hätte ich jetzt »einfach« ein – zugegebenermaßen ausgefallenes – Kochbuch schreiben können, doch ich wollte mehr als das. Dieses Buch ist mein Versuch, uns Menschen den Bären unter verschiedenen Gesichtspunkten näherzubringen, nicht nur in Bezug auf die Nahrung, sondern auch in Bezug auf die Verhaltensweisen und die Lebensumstände dieser hochintelligenten Tiere. Wenn wir es schaffen, Bären und anderen Wildtieren denselben Stellenwert wie uns selbst zuzugestehen, werden wir auch bereit sein, unseren Lebensraum mit ihnen zu teilen. Denn wir brauchen diese Tiere als Symbol und Schlüsselart für die so (über-)lebenswichtige uns umgebende Natur – mehr als vielleicht je zuvor.

In diesem Sinne,
Reno Sommerhalder

ÄHNLICH-
KEITEN

Wie ähnlich die Ernährung der Menschen und der Bären ist, wurde mir zum ersten Mal bewusst in Missoula, Montana, während eines Besuchs bei Chuck Jonkel, dem inzwischen leider verstorbenen Gründer der Great Bear Foundation. Vor vielen Jahren organisierte dieser überaus charismatische und humorvolle Mann ein mehrtägiges Bärenfest. Am letzten Tag gab es ein Buffet mit verschiedenen Speisen, die aus dem bestanden, was auch Bären fressen. Dass Lachse, Beeren und Nüsse, um nur einige der bekannteren Favoriten von Meister Petz zu nennen, auf dem Speiseplan der Bären stehen und diese auch von uns Menschen sehr begehrt sind, wissen wohl die meisten von uns. Weniger bekannt ist aber vermutlich, dass Bären zum Beispiel auch Löwenzahn, Eskimokartoffeln, Kaviar oder die Knollen der Schatten-Schachblume lieben. Ich habe in diesem Buch versucht, möglichst viele dieser Nahrungsmittel in die verschiedenen Rezepte einzubauen.

Eine für Bären sehr wichtige Nahrungsmittelgruppe habe ich jedoch ausgelassen: die Insekten, und das einfach aus dem Grund, dass sie, obschon sie bereits vor einer Weile Einzug in unserer Ernährung gehalten haben, noch lange nicht angekommen sind – der Ekelfaktor spielt da eine nicht unerhebliche Rolle. Weltweit stehen sie praktisch bei allen Bärenarten ganz oben auf dem Speisezettel, außer im hohen Norden; ihre Eier und Larven sind mit Eiweiß und anderen wichtigen Nährstoffen vollgepackt. Insekten bilden übrigens einen der Grundsteine der Ernährung einiger indigener Völker, und auch in unseren mitteleuropäischen Küchen halten sie wie gesagt zunehmend Einzug. Viele Läden bieten heute Insektenburger und andere Lebensmittel auf Insektenbasis an. Es ist noch nicht lange her, da tischte ich bei einem Besuch in der Schweiz drei kleine Schalen geröstete Heuschrecken auf. Nicht alle meine Gäste wussten, was sie da an diesem Abend im Halbdunkel des Weinkellers zwischen den Zähnen zermalmten.

Zurück zu den Bären und den Insekten: Bei unseren Bärenwaisen in Russland waren Ameisen und vor allem deren Eier extrem beliebt. Fast jeder Ast auf dem Waldboden in der Taiga enthielt eine kleine Kolonie dieser tüchtigen Schwerarbeiter. Auch Wespen- und Wildbienennester waren vor unseren kleinen Schnüffelexperten nie sicher, und das, obwohl sie bei diesen Beutezügen immer auch einige Stiche abbekamen. Unsere Waisenjungen in Kamtschatka entdeckten verschiedene Teiche, auf deren Oberflächen sich Millionen von toten Fliegen ansammelten, die von Wind und Wellen sozusagen in dicken Eiweißteppichen an den Ufern angespült wurden. Dort verzehrten die kleinen Bären stundenlang genüsslich die klitzekleinen Kadaver.

Bären fressen saisonal, das heißt, die verschiedenen Nahrungsmittel kommen im Lebensraum der Bären nur zu bestimmten Jahreszei-

Neugieriger Jungbär mit Mutter im Hintergrund (Alaska).

ten vor. Auch da waren wir ihnen einmal ähnlich. Saisonale Küche ist etwas, das seit einiger Zeit wieder vermehrt eine Rolle in der Gastronomie spielt. Und das ist auch richtig so. Niemand sollte heute im Winter Tomaten oder Erdbeeren essen, denn so werden einfach viel zu viele Ressourcen verschwendet. Und vor allem ist das bei unserem Überfluss auch gar nicht nötig, es existieren so unglaublich viele Nahrungsmittel vor unserer Haustür! Ich habe die Monate während der Covid-Pandemie genossen, als nicht mehr ständig alles erhältlich war und die Regale, wenn auch nur vereinzelt, halb leer waren. Ich würde mir wünschen, dass sich alle Menschen saisonal und regional ernähren, so wie die Bären das in ihrer Bescheidenheit auch tun. Bären halten uns ab und zu den Spiegel vor, sodass wir unsere Gewohnheiten hinterfragen können.

Manchmal erwähne ich in den folgenden Kapiteln die jeweilige Bärenart in den Geschichten, denn diese kann aus verhaltenstechnischen Gründen bei Begegnungen zwischen Menschen und Bären wichtig sein. Bei den Rezepten erwähne ich die Bärenart und ihre Vorliebe für ein bestimmtes Nahrungsmittel aus dem jeweiligen Rezept nicht unbedingt. Die meisten aufgeführten Zutaten stehen auf dem Speiseplan der Grizzly-, Braun- und Schwarzbären. Beim Rezept der Polenta-Pfannkuchen sind meine Gedanken zu den Brillenbären in den Anden gewandert. Oft werden dort mitten in ihrem Lebensraum Maisfelder angepflanzt, welche auf diese kleine Bärenart eine große Anziehungskraft ausüben. Die Bären-Gemüse-Krapfen wiederum enthalten Mehl. Dort habe ich an die Europäischen Braunbären gedacht, die zum Beispiel in

ÄHNLICHKEITEN

Griechenland oft in den Weizenfeldern beobachtet werden. Übrigens: Bei der Auswahl von gewissen Nahrungsmitteln in den Rezepten, wie zum Beispiel bei Trauben, die in Form von Rotwein vorkommen, habe ich ein Auge zugedrückt. Bären fressen zwar beides, angebaute und wilde Trauben, haben jedoch meines Wissens ihr Geschmacksspektrum noch nicht auf Wein ausgeweitet. Doch das kommt vielleicht auch bald.

Obwohl es sich bei gewissen Lebensmitteln um anthropogene, also vom Menschen produzierte Nahrung handelt, ist es oft so, dass viele dieser naturfremden Speisen heute als Teil der Nahrung von wild lebenden Bären gelten. Meine Nachbarn Rick und Maureen stellten mir kürzlich getrockneten Schwarzbärenkot, der voll von Hafer war, vor die Haustüre, weil sie wussten, dass ich an diesem Buchprojekt arbeite. An vielen Orten, wo Bären heute vorkommen, ist ihr natürlicher Lebensraum so komprimiert worden, dass sie keine andere Wahl haben, als sich zumindest teilweise von anthropogener Nahrung zu ernähren. Das kann sie in große Gefahr bringen, da wir Menschen sie dann als Kontrahenten bei der Nahrungssuche sehen. Obschon das Fehlverhalten in solchen Situationen meistens bei uns Zweibeinern liegt, werden die Tiere dann als Problembären abgestempelt und in der Folge getötet.

Mit Ausnahme von einigen großen Männchen reißen Grizzly- und Braunbären meist keine eigene Beute. Der Bär ist, anders als der Wolf, kein klassischer Jäger. Findet er jedoch ein totes Huftier, nimmt er dieses Geschenk gerne an. Während sich Eisbären fast ausschließlich von Fleisch ernähren, sind die anderen sieben Bärenarten in vielen Teilen der Erde hauptsächlich Vegetarier. Deshalb sind die verschiedenen Rezepte in diesem Buch, die Wildfleisch enthalten, nicht ein Ausdruck der Menge, sondern eher der Diversität der Fleischherkunft auf dem Speiseplan von Bären.

Die Zutatenlisten in diesem Buch sind immer zweifarbig gehalten: Schwarz bedeutet, dass es sich um Nahrungsmittel handelt, die auch Bären fressen, orange gekennzeichnete Zutaten stehen nicht auf ihrem Speiseplan.

Bei den Zutaten handelt es sich oft um ausgefallene Wildnahrungsmittel, die nicht überall erhältlich sind, wie etwa Lachsbeeren oder Schatten-Schachblumen. Deshalb sind in den Rezepten unter »Varianten« wenn immer möglich Alternativen mit gut erhältlichen Zutaten zu finden.

Beim Zubereiten der Rezepte in diesem Buch war ich meist in abgelegenen Wildnisgebieten unterwegs und habe deshalb zum Anrichten der Mahlzeiten das Vorhandene verwendet. Manchmal waren das Steinplatten, ein Holzbrett oder auch mal ganz einfaches Geschirr.

Damit habe ich hoffentlich unterstrichen, wie wichtig mir in diesem Buch – und auch sonst – die Naturnähe und die Schlichtheit sind.

Eingangs schrieb ich, dass ich mit meinem Buch versuchen möchte, uns Menschen die Natur wieder näherzubringen. Dazu muss man natürlich auch hinaus in die Natur gehen und seine Sinne öffnen für Blütengeruch, Beerengeschmack und Vogelgesang. Beim Ernten von Wildpflanzen sollte man jedoch große Vorsicht walten lassen, gerade wenn die Pflanzen zum Verzehr bestimmt sind. Als Faustregel gilt hier, dass man erstens nur solche Pflanzen pflückt, die man eindeutig als essbar identifizieren kann, und zweitens, dass man drei Viertel für die anderen Lebewesen stehen lässt. Natürlich geht es nicht darum, dass wir uns nun alle wieder in die Zeiten der Jäger und Sammlerinnen zurückversetzen sollen, sondern dass wir unsere Sinne wieder vermehrt für das einsetzen, wofür sie über eine sehr lange Zeit gedacht waren – nämlich eine vertiefte Beziehung zur Natur.

Ob auch Bären einen Sinn für Ästhetik haben, bleibt offen. Sie wählen auf jeden Fall oft schöne Ruheplätze aus.

MEINE ERSTEN BÄREN

Ich kann mich nicht erinnern, wann ich zum ersten Mal von Bären träumte. Beim Durchblättern meiner Dutzenden von Tagebüchern, die ich auf meinen Reisen verfasst habe, habe ich folgenden Tagebucheintrag gefunden, den ich vor bald vierzig Jahren als junger Mann zur Vorbereitung auf meine zweite Reise nach Nordamerika verfasst habe.

TAGEBUCHEINTRAG, 27. MÄRZ 1986
Zürich

»Es ist schon bald ein Jahr her, seit ich mir diese Reise zum Ziel gesetzt habe. Nun habe ich es praktisch erreicht und setze mir meine nächsten Ziele für Kanada. Ich habe zwei Hauptziele: einen Grizzlybären zu sehen und Alaska zu erreichen.«

Wenige Monate später hatte ich mir diese beiden Träume schon erfüllt, und dazu beide auf einen Schlag!

← Die Herrscherin eines Küstenstreifens in Alaska ruht sich aus.

↓ Diese hell leuchtenden Schwefelporlinge können eine Mahlzeit wunderbar ergänzen.

Es war im Juli 1986, als ich auf einer kleinen Fähre des Alaska Marine Highways im Südosten Alaskas einen Ureinwohner der Tlingit kennenlernte. In gebrochenem Englisch fragte ich meinen neuen und ziemlich schwergewichtigen Freund, wo ich einen Bären aufspüren könnte. Kurz bevor unser Boot im nächsten kleinen Küstendorf anlegte, verriet er mir Folgendes: »Wenn du einen Bären sehen willst, dann laufe zum ungefähr zwei Kilometer entfernten Fluss runter.«

Der Wald tropfte überall vom Regen. Moosschichten, Pilze, Farnwedel, die imposante Igelkraftwurz (*Oplopanax horridus*) und alle anderen Regenwaldpflanzen, die diesen märchenhaften Waldweg säumten, waren durchtränkt vom Nass. Die uralten Baumriesen der Sitka-Fichten (*Picea sitchensis*) und Hemlocktannen (*Tsuga heterophylla*), die hoch über mir in die Nebenschwaden ragten, hatten eine hypnotisierende Wirkung auf mich. Das tiefe Grün dieses mich umgebenden gemäßigten Regenwaldes hätte nicht satter sein können. Alle möglichen Schattierungen von Grün, und mittendrin meterlange, gelb leuchtende Strähnen der Bartflechte (*Usnea longissima*), die von den feuchten Baumgiganten, welche mächtiger und älter waren als alles, was ich zuvor gesehen hatte, hingen. Dieser Wald verlieh mir das Gefühl, als schlenderte ich durch eine üppig bepflanzte Grotte. Er war dunkel und doch voll von Licht und Farben, sodass ich mich kaum sattsehen konnte. Dieser Ort verlieh mir ein Gefühl von Sicherheit, und das, obwohl ich damals, was Bären anging, ein kompletter Neuling war. Hier sollte er also sein, der ideale Ort, um einer dieser für mich bis heute mystischen Kreaturen zu begegnen.

Bald darauf fand ich die ersten Indizien, dass ich tatsächlich eher auf einem Bären- als auf einem von Menschen ausgetretenen Pfad unterwegs war. Ein frischer Lachs lag mitten auf dem Weg, Bärenhaare klebten an der Rinde der Bäume, die unmittelbar am Weg wuchsen, und je näher ich dem Fluss kam, desto häufiger musste ich zahlreichen Bärenkothaufen, die an Kuhfladen erinnern, ausweichen. Dass ich nun in unmittelbarer Nähe des Flusses war, zeigten mir auch die hauptsächlich aus den Baumkronen kommenden Laute anderer Tiere, die sich ebenfalls von Fischen ernähren: Das Kreischen und Krächzen von Möwen, Raben, Krähen und Diademhähern (*Cyanocitta stelleri*) begleitete meinen meditativen Spaziergang durch diese vor Leben pulsierende Landschaft.

Hätte ich damals die Erfahrung mit Bären gehabt, die ich heute habe, hätte ich mich dem Flussufer aufgrund der unzähligen Hinweise auf eine große Bärenpräsenz wohl mit etwas mehr Achtung genähert. So aber stand ich plötzlich am Wasser, mit Blick Richtung Flussmündung. Kein Bär weit und breit in Sicht. Auch nicht, als ich meinen Blickwinkel um hundertachtzig Grad in die andere Flussrichtung wendete.

MEINE ERSTEN BÄREN

Sekunden später vernahm ich unterhalb von mir ein lautes Spritzen im Fluss und schwenkte mein Haupt wieder in Richtung Mündung. Die goldenen Umrisse des Braunbären, der mitten im Fluss in meine Richtung durchs Wasser spurtete, sind wie ein Gemälde in mein Hirn eingebrannt. Es war einer dieser seltenen sonnigen Tage im Küstenregenwald, und der Bär hatte die Sonne direkt hinter sich. Mein erster Gedanke war: »Holy shit, der hat's auf mich abgesehen!« Doch einen Lidschlag später korrigierte das Tier meine Mutmaßung, indem es sich in den Fluss stürzte und mit einem zappelnden Lachs im Mund wieder auftauchte. Der erste Bär meines Lebens drehte sich um, erkletterte samt glitschigem Proviant die Böschung und verschwand im Schatten des Waldes.

Dass diese erste Begegnung mit einem Braunbären am gleichen Tag stattfand wie die erste Begegnung mit einem Stammesmitglied der Tlingit, die hier im Tongass schon seit Tausenden von Jahren leben, verstärkt die Bedeutung dieses magischen Tages für mich.

Dass ich auf diese Begegnung zunächst mit Angst reagierte, war meinem falschen Bild dieser Tiere geschuldet. Das war eine wichtige Lektion für mich. Denn ich realisierte schnell, dass diese Vorstellung vom angriffslustigen Bären nicht meine eigene war, sondern ein über-

→
Lawinen verhindern die Verbuschung. Hier finden Bären im Sommer viel Nahrung.

↓
Dieser Bär hat kein Interesse am Fotografen – er ist auf Lachsjagd.

liefertes Bild, das heute noch gerne von Hollywood, Jagdgesellschaften, Medien und anderen sensationslüsternen Menschen und deren Organisationen zu ihrem Nutzen fabriziert wird.

Mein erster Grizzly ließ etwas länger auf sich warten als der Braunbär, nämlich ganze zwei Jahre. Ich war mit einer Freundin unterwegs, beide beladen mit schweren Rucksäcken. Wir hatten schon mehrere Tage und Nächte im Hinterland des Kootenay-Nationalparks verbracht, als wir das steile Tal des Tumbling Creek unter unsere Füße nahmen.

Grizzlys verbringen im Sommer viel Zeit in Lawinenhängen, entweder beim Grasen und Ausgraben von verschiedenen Pflanzen oder näher am Waldrand bei der Beerenernte. Was die Grizzlybären damals vor so vielen Jahren in dem Hang suchten, wusste ich zunächst noch nicht. Es spielte auch keine Rolle, denn ich war so unsagbar glücklich, dass ich nicht nur einen Grizzly aufgespürt hatte, sondern gleich drei – eine Mutter mit ihren beiden Jungen im Schlepptau. Die Bärenfamilie befand sich oberhalb unseres Wanderwegs, der durch den Lawinenhang führte. Die drei fanden Kräuter am Rand eines Schneefelds, das wohl noch ein Überbleibsel einer winterlichen Lawine war. Später lernte ich dann, wie wichtig Lawinen im Leben von Bären sind. Denn sie verhindern die Verbuschung von alpinen Wiesen, auf denen viel Bärennahrung wächst. Zusätzlich verlängern die dicken Schneedecken der Lawinen die Futtersaison für Bären, weil dort, wo der Schnee geschmolzen ist, dieselben Kräuter manchmal Wochen später wachsen als an sonnigeren Lagen.

Einmal fand ich gar ein totes Dickhornschaf, das tief eingebettet in einem Lawinenkegel lag. Ein paar Tage später, als ich auf meinen Skiern zurück zu diesem Ort lief, folgte ich im Frühlingsschnee der Fährte eines großen männlichen Grizzlys, der ebenfalls, wie es schien, auf dem Weg zu dem Schaf war. Da ich keine Lust hatte, mich mit einem Grizzly, der vermutlich mehrere Monate nichts gefressen hatte, zu streiten, gab es eine Planänderung.

Doch zurück zu meiner Begegnung mit der Grizzlyfamilie im Lawinenhang des Kootenay-Nationalparks. Ich weiß gar nicht mehr, ob sie uns damals entdeckt hatte oder nicht. Ich kann mich jedoch noch sehr gut daran erinnern, wie die beiden Jungen, im Jahr zuvor geboren, eifrig ihrer Mutter über den steilen und von Wildblumen überwachsenen Hang folgten und bald im angrenzenden Wald verschwanden. Wir saßen noch lange an dem Ort, ohne viel zu sprechen, ergriffen von Ehrfurcht über das soeben Erlebte.

Bei der nächsten Erstbegegnung, von der ich hier erzählen möchte, handelt es sich um den ersten Scheinangriff, den ich in meinen Anfangsjahren mit Bären vor knapp dreißig Jahren erlebt habe. 1995 verbrachte ich, wie andere Sommer zuvor, mehrere Monate unter den Braunbären auf Chichagof Island im Südosten Alaskas. Ich lebte in einer abgelegenen Hütte an einem Strand und ernährte mich meist von dem, was die Natur hergab. Unmittelbar hinter dieser Hütte befand sich eine Seggenwiese, die von Heidelbeersträuchern und Lachsbeerbüschen umgeben war, direkt dahinter folgte die dicke grüne Wand, wo der Wald begann. Zusammen mit dem, was der Pazifik und die Vegetation sonst noch hergaben, war der Tisch hier, was die Nahrung angeht, also meist reichlich gedeckt.

Ich hatte mich in diesem Sommer mit einer Bärendame angefreundet, die mit ihren drei zweijährigen Jungen die Umgebung um die Hütte zu ihrem Streifgebiet deklariert hatte. Die Familie und ich verbrachten fast täglich viele Stunden miteinander. Während die vier Bären die Seggen abweideten, saß ich immer an derselben etwas erhöhten Stelle, sodass die Bärin stets wusste, wo ich war, und las ent-

→ Das Muttertier, das dem Autor vor Jahren einen großen Schreck eingejagt hat, mit seinen drei Jungen.

↓ Unerwartet auf einen Tierkadaver zu treffen, der von einem Grizzly bewacht wird, könnte eine Scheinattacke auslösen.

weder ein Buch oder notierte mir meine Beobachtungen. Eine Stunde Fußmarsch von der Hütte entfernt liegt ein kleines Küstendorf, das nur zu Fuß oder per Flugzeug oder Boot zu erreichen ist. Als ich eines Tages nach einem Besuch im Dorf wieder durch den Regenwald nach Hause wanderte, fand ich unweit der Weggabelung, wo der Weg zu meiner Hütte abzweigte, die Fährte der vier Bären. Die Spuren waren frisch und in der Erde des Waldpfads gut zu sehen, sie führten direkt an meinem Verbindungspfad vorbei weiter die Küste entlang. In Gedanken versunken, zwängte ich mich durch das dichte Gestrüpp entlang des schmalen Weges, ohne Geräusche zu machen. Als ich dreißig Meter von der Hütte entfernt aus dem Dickicht ins offene Gelände trat, erfassten meine Augen wenige Meter links von mir zwei der Jungen, die mich mit großen Augen anstarrten, als wäre ich ein Sasquatch (das nordamerikanische Fabelwesen Bigfoot in der kanadischen Bezeichnung). Ich realisierte sofort und mit höchster Dringlichkeit, dass ich nun wohl zum ersten Mal eine Scheinattacke erleben würde. Und schon kam die Dame, nach wie vor von der dichten Vegetation verdeckt, angebraust, bis auf einen halben Meter an mich heran, pflügte ihre Vorderpranken in den weichen Boden, um sich im selben Augenblick abzuwenden und

so blitzschnell, wie sie gekommen war, auch wieder im Unterholz zu verschwinden. Ich hatte während ihrer Offensive gerade genug Zeit, um der Dame in beschwichtigendem Tonfall meine friedliche Absicht zu übermitteln. Das Ganze, angefangen bei meiner Entdeckung der beiden Jungen bis zu diesem Scheinangriff, hatte gerade einmal drei Sekunden gedauert, und dann war alles wieder still. Mit Ausnahme meiner schlotternden Knie. Ich stolperte die restlichen Meter zur Hütte, und als ich eine Minute nach dem Scheinangriff aus dem Fenster schaute, waren die vier Bären wieder am Grasen, als wäre nichts geschehen. Ein Anzeichen dafür, dass mich die Dame wahrscheinlich an meiner Stimme wiedererkannt hatte, denn sie hatte in den Wochen zuvor gelernt, dass sie sich in meiner Gegenwart entspannen konnte.

Ich nehme an, dass die Mutter in mir eher einen vierbeinigen Kontrahenten sah als einen Menschen, als ich mich so durchs Gebüsch kämpfte. Deshalb ist es unheimlich wichtig, dass man sich vor allem in dichtem Gelände anhand der Stimme als Mensch zu erkennen gibt. So kommt es nicht zu einer dieser überraschenden Nahbegegnungen, die man immer und überall vermeiden sollte. Machen wir den Bären auf uns aufmerksam, hat er die Möglichkeit zu flüchten oder uns lautlos aus dem Weg zu gehen. Das funktioniert wunderbar, denn Bären haben ungefähr genauso wenig Interesse an einem Konflikt mit uns wie wir mit ihnen.

Manchmal überlässt eine Bärenmutter dem Autor ihre Jungen, um sie vor anderen Bären zu schützen.

BÄREN-NUSS-TORTE

FÜR 4 PERSONEN

Für den Mürbeteig:
300 g Mehl
125 g Zucker
1 Prise Meersalz
175 g Butter, kalt, in Stücken
1 Ei, verquirlt
3 EL Wasser, kalt, bei Bedarf
1 Ei, verquirlt, zum Bestreichen

Für die Füllung:
250 g Zucker
200 ml Vollrahm (Sahne), warm
100 g Baumnüsse (Walnüsse), grob gehackt
50 g Haselnüsse, grob gehackt
100 g Pinienkerne, ganz
50 g Marroni (Esskastanien), gekocht, geschält, grob gehackt
2 EL flüssiger Honig

Für den Teig das Mehl mit dem Zucker, dem Salz und der Butter verreiben. Das verquirlte Ei und bei Bedarf das Wasser dazugeben und alles schnell zu einem Teig kneten. Den Teig 1 Stunde im Kühlschrank ruhen lassen.

Dann zwei Drittel des Teigs in einer Kuchenform mit Boden (Durchmesser 23 cm) von Hand ausbreiten, bis der ganze Boden bedeckt und der Rand etwa 5 cm hoch ist. Das letzte Teigdrittel als Tortendeckel in einem Backring (Durchmesser 23 cm) ausrollen und kühl stellen.

Für die Füllung den Zucker in einem Topf karamellisieren. Den warmen Rahm dazugeben und alles etwa 5 Minuten köcheln lassen. Dann die Nüsse, Pinienkerne und Marroni hinzufügen und 2 Minuten weiterköcheln, dann abkühlen lassen. Wenn die Mischung fast erkaltet ist, den Honig dazurühren.

Die Füllung ganz abkühlen lassen und auf den Teigboden geben. Den Teigrand, der über die Füllung ragt, über die Füllung falten. Diesen gefalteten Teigrand mit verquirltem Ei bestreichen, den ausgerollten Teigdeckel auflegen und leicht

Orange = keine Bärennahrung
Schwarz = Bärennahrung

MEINE ERSTEN BÄREN

andrücken. Den Deckel mit dem restlichen Ei bestreichen und mit einer Gabel am Rand andrücken. Mit der Gabel oben auf dem Deckel ein Gittermuster einritzen.

Im Ofen bei 200 Grad Umluft etwa 45 Minuten goldgelb backen. Den Kuchen in der Form 5 Minuten stehen lassen, dann aus der Form heben und ganz erkalten lassen. Der Kuchen schmeckt besonders gut, wenn man ihn einen halben oder sogar einen ganzen Tag stehen lässt, doch das ist nicht einfach, er ist viel zu lecker!

Varianten
Da gibt es keine. Entweder man macht eine Nusstorte oder eben nicht!

Bärennahrung
Kommt man nicht an tierisches Fett, ist es in der Natur schwierig, andere Fettquellen zu finden. Es sei denn, man hat Zugang zu Nüssen. Und genau aus diesem Grund sind Nüsse für Bären in den verschiedenen Regionen der Welt so wichtig. Denn der Bär ist kein klassisches Raubtier und jagt normalerweise wenig oder gar nicht. Haselnüsse, Pinienkerne, Eicheln, Bucheckern und sogar die Maronen, die seinerzeit durch die Römer in ganz Europa bekannt wurden, haben heute für Bären und viele andere Wildtiere einen hohen Stellenwert.

Früher wurden übrigens für eine Bündner Nusstorte keine Walnüsse verwendet, sondern die heimischen Arvennüsse der Zirbelkiefer (*Pinus cembra*), die damals auch noch von Braunbären gefressen wurden – diese gibt es heute in dem Alpenraum, wo diese Baumart wächst, leider nur noch vereinzelt. Auch die Zirbelkiefer selbst ist durch den fortschreitenden Klimawandel gefährdet.

MEINE ERSTEN BÄREN

ESSEN WIE EIN BÄR

Das Heidekrautgewächs *Gaylussacia baccata* (englisch *Black Huckleberry*) ist in Nordamerika stark verbreitet.

Meine rechte Hand schießt zwischen meinem Mund und einem Heidelbeerstrauch der Art *Vaccinium alaskaense* hin und her. Bei jeder Wiederholung verschwinden vier oder fünf der tiefblau-schwarzen Früchte zwischen meinen Lippen. Ich stehe da, meine Haare tropfen vom letzten Regen, und ich frage mich, wie die kleinen, wabbeligen, weißen Maden, die in den meisten dieser Beeren enthalten sind, zu meiner Proteinzufuhr beitragen. Noch in Gedanken versunken, höre ich plötzlich schweres Atmen ganz nahe bei mir. Erst nehme ich diese Präsenz nicht wahr, weil ich so fokussiert bin, meinen Bauch mit den köstlichen – und kostenlosen – Früchten zu füllen. Nach wenigen Sekunden jedoch halte ich inne und konzentriere mich auf das Geräusch, das unmittelbar vor mir aus dem dichten Beerengestrüpp kommt. Der Braunbär und ich bemerken einander gleichzeitig. Als meine Worte »Hey Bär« im dunklen Grün vor mir eintauchen, ist der Braune schon auf dem Rückzug, und ich höre, wie er schweren Schrittes durch das Teufelsklauendickicht flüchtet. Innerhalb von Sekunden herrscht wieder Stille, mit Ausnahme meines nun sehr laut und schnell pochenden Herzens.

Das ist eine von vielen flüchtigen Begegnungen, die, obschon sie nur Sekunden anhielt, tief in mein Gedächtnis eingebrannt ist. Diese Begegnung fand vor etwa fünfundzwanzig Jahren im Tiefgrün des Tongass National Forest statt, der aus mehr als tausend Inseln besteht und Teil des Alexanderarchipels in Alaska ist. Seitdem bin ich zwischen Reisen zu den Bären in Russland, Europa, Alaska und Kanada mehrmals auf diese Inseln zurückgekehrt.

Die ABC-Inseln im Südosten von Alaska beheimaten eine dichte Population von Küstenbraunbären.

Vor ungefähr vier Jahren habe ich beschlossen, noch einmal eine volle Bärensaison in den Küstenwäldern des Tongass National Forest zu verbringen. Für diese Zeit hatte ich mir vorgenommen, mich möglichst nicht von gekauften Lebensmitteln zu ernähren, sondern zumindest einige Wochen von dem, was die Natur hergab. Mit anderen Worten: Obwohl ich mir nicht zum Ziel gesetzt hatte, mich komplett in einen Bären zu verwandeln, würde ich zumindest versuchen, mich von all den Nahrungsmitteln zu ernähren, die die Braunbären im Südosten Alaskas essen. Ich würde also im Grunde essen wie ein Bär.

Es war Winter, als ich dieses Kapitel hier verfasste. Im Banff-Nationalpark, im Herzen der kanadischen Rocky Mountains, wo ich lebe, erlebten wir damals gerade eine sehr kalte Woche mit Temperaturen um minus 30 Grad. Nicht gerade die ideale Zeit, um an eine Bärendiät zu denken, da der Lebensraum in den ersten Frühlingsmonaten (mein Experiment sollte gegen Ende April starten) wenig Auswahl an hochwertiger Nahrung bietet. Es sei denn, man hat Glück und stolpert über einen gestrandeten Wal- oder Seelöwenkadaver.

Mir war jedoch klar, dass ich meinen Magen auf eine Dürreperiode einstellen musste. Das würde nicht einfach sein, denn um ehrlich zu sein, liebe ich es zu essen! Sehr sogar. Als ehemaliger Koch verbringe ich viel Zeit in der Küche und bereite Gerichte für meine Familie und

mich zu. Da ich versuchte, mich mit Skitouren und Langlauf in Form zu halten, war es schwierig, die Nahrungsaufnahme zu reduzieren. Aber wenn ich ein paar Pfunde verlöre, würde es mein Leben leichter machen, wenn das Experiment, mich wie ein Bär zu ernähren, beginnen würde.

Was war das Ziel dieser Bärendiät? Schlicht gesagt, war es mein Versuch, meinen Mitmenschen die Bären näherzubringen. Zu demonstrieren, wie nahe uns diese Tiere eigentlich sind und warum es notwendig ist, sie und ihren Lebensraum zu beschützen. Die meisten von uns essen für ihr Leben gerne, und so dachte ich, es wäre die ideale Form der Aufklärung.

Seit einigen Jahren biete ich im Rahmen meiner Arbeit zum Schutz der Bären das Event »Essen wie ein Bär« an. Das ist eine Veranstaltung für NGOs oder andere Organisationen, für Hochzeiten, zum Jahresende oder für andere Arten von Feiern. Entgegen der Vorstellung einiger Leute bestehen diese Abendessen nicht aus Tellern mit gegrilltem oder anderweitig zubereitetem Bärenfleisch. Nein, ganz im Gegenteil: Während dieses Events wird den Gästen ein Drei- oder Vier-Gang-Menü serviert, das nur Bärennahrung enthält, ähnlich wie man sie in diesem Buch findet. Das Essen wird normalerweise von einem Team professioneller Köche zubereitet. Während die Gäste genüsslich ihren Lachs kauen, zeige ich eine Reihe von Bildern und Videoclips von Bären, wie sie genau diese Lebensmittel, die die Gäste gerade auf ihren Tellern haben, ausgraben, jagen und fressen. Ich glaube, dass diese Art der Aufklärung, bei der die fünf Sinne Sehen, Riechen, Schmecken, Hören und Fühlen ins Spiel kommen, sehr einprägsam ist. Bildung geht durch den Magen!

↑
Wurzeln essen wie ein Bär.

←
Ein Bärenmenü, gekocht an einem WWF-Anlass.

Ein Grizzly frisst Löwenzahn im Liegen.

Nachdem ich Bären über Jahre hinweg in freier Wildbahn beobachtet und verschiedene wissenschaftliche Studien über Braun- und Grizzlybären gelesen hatte, wurde mir schnell klar, dass sich die Ernährung von Bären und Menschen sehr ähnlich ist. Schließlich sind beide Allesfresser, was bedeutet, dass sie im Grunde so ziemlich alles essen können. Die richtige Definition eines Allesfressers ist ein Tier, das sich sowohl von pflanzlichen als auch von tierischen Lebensmitteln ernährt. Veganer sind natürlich die Ausnahme, und anscheinend gilt das ebenfalls für beide, Mensch und Bär. Überraschenderweise entscheiden sich einige Bären, insbesondere Weibchen mit Jungen, selbst an Orten wie Südost-Alaska, wo alle Braunbären Zugang zu Lachsgewässern haben, sich nicht von fett- und eiweißreichem Fisch zu ernähren. Stattdessen verweilen sie hoch oben in subalpinem Gelände, ohne jemals in niedrigere Höhen hinabzusteigen. Dieses Verhalten hängt sehr wahrscheinlich damit zusammen, dass die Muttertiere ihre Jungen außerhalb der Reichweite von potenziell kannibalistischen männlichen Bären halten wollen.

Es gibt Berichte von nordamerikanischen Ureinwohnern, die Bären folgten, um zu erfahren, was diese aßen, damit sie, die Menschen, dieses Verhalten nachahmen konnten. Stellen Sie sich vor: Lachs, Wild, Vögel, Eier, Beeren, Nüsse, Honig, Gemüse und Insekten, um nur einige der bekannteren Lebensmittel zu nennen, die in vielen Teilen der Welt auf dem Speiseplan von Bären und Menschen zugleich stehen. Da die Forschung über die letzten Jahrzehnte durch Beobachtungen, Kotanalysen und andere wissenschaftliche Arbeiten viele dieser Informationen betreffend der Nahrungswahl von Bären gesammelt hat, musste ich also bei meinem Projekt nicht erst mühselig meinen vierbeinigen Freunden folgen, um zu erfahren, was ich denn nun täglich auf meinen Teller laden durfte. Als ich im Frühling an der Küste ankam, musste ich mir so schnell wie möglich einen Vorrat anschaffen.

Die Idee, in Alaska ein Räucherhaus zu bauen und mir damit mein tägliches Brot oder eben meinen täglichen Fisch zu sichern, ergab viel mehr Sinn, als dass ich mich mit Kreissägen abmühe. Ich blühe auf, wenn es darum geht, aus der Wildnis alles für einen gedeckten Tisch nach Hause zu bringen. Es ist dieses Jäger- und Sammlergen, das in mir höchst lebendig ist.

So baute ich denn auch in den ersten Tagen nach meiner Ankunft in Alaska ein kleines Räucherhaus. Darin garte ich einige Fische, die mich während meiner anfänglichen Nahrungssuche versorgten. Ein Jungbär, der mit seiner Mutter groß wird, lernt, wo in seinem Aktionsraum welche Leckerbissen zu finden sind. Da ich mich schon oft an diesem Küstenstreifen aufgehalten hatte, wusste ich auch, ähnlich wie ein Bär, wo ich Erfolg bei der Suche nach Krabben, Fischen, Beeren oder Wurzeln und Knollen haben könnte. Und trotz dieses Wissens ist ein solches Leben – oder vielmehr Überleben – auch in einem sehr reichhaltigen Ökosystem wie hier an der Küste hart und verlangt oft lange Arbeitstage. Die Romantik eines solchen Lebens wird meist rasch vom Winde verweht.

Der Autor hat gerade einen Grizzly erspäht.

TAGEBUCHEINTRAG, 17. JUNI 2020
Alaska

»Andrea witzelt manchmal, dass ein satter Monat verstreicht, bis ich endlich eine ausgebrannte Glühbirne im Haus ausgewechselt habe. Tatsache ist, dass sie es oft ist, die schlussendlich für Licht im Dunkel sorgt. Diese häuslichen Jobs sind einfach nicht mein Ding. Als ich einmal bei einem Freund beim Umzug anpackte, schraubte ich aus Versehen den Anhänger, auf dem eine Kreissäge angeschraubt war, statt die Säge selbst auseinander. Es ist nicht so, dass ich es nicht kann. Ich bin einfach viel lieber draußen in der Natur und nehme die Spur eines Wildtiers auf.«

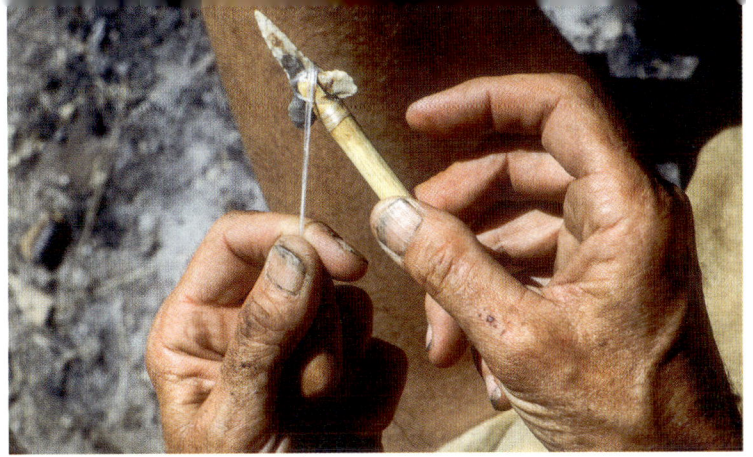

↑
Anfertigen eines Pfeils.

↓
In Küstennähe lässt es sich gut leben.

Dort, wo ich mit meiner Familie zu Hause bin, wundert es mich nicht, dass die indigenen Völker der Stoney Nakoda, der Kainai oder der Siksika nur im Sommer Jagdcamps aufbauten und nie permanente Lager hatten. Die Rocky Mountains, vor allem an ihrer Ostflanke, wo Banff liegt, bieten nur einen kargen Lebensraum für Mensch und Tier. Grizzlys haben vor langer Zeit gelernt, diese Nahrungsknappheit im Winter mit der Winterruhe zu überbrücken, während die Jäger und Sammlerinnen ihre Zelte in der kalten Jahreszeit in der Prärie und nahe den großen Bisonherden errichteten. Einen Winter in den Bergen zu überleben, war damals keine Option, weil die Natur schlicht nicht genug hergab.

In meinem Fall ernährte ich mich im Juni von den ersten Lachsbeeren, von Grünzeug wie Brennnesseln und Weideröschen oder von den Knollen von Lilien, die eigentlich im Herbst besser munden, weil die ganze Kraft der Pflanze dann wieder zurück in der Erde oder vielmehr in der Knolle verschwindet.

Teil meines Projekts war der Dokumentarfilm »Rückkehr nach Alaska«, den ich zusammen mit Beat Bieri für das Schweizer Fernsehen drehte. Weil der Film neben meines Bären-Diät-Experiments zugleich auch Porträts von Einheimischen enthielt, wurde es schwirig, mich ausschließlich von Bärenfood zu ernähren. Denn für Besuche bei einheimischen Fischern und für Interviews mit Mitgliedern der indigenen Tlingit sowie mit einem Holzfäller und Bauunternehmer war ich mehrmals ein paar Tage nicht in der Hütte am Strand. So war ein geregelter Tagesablauf, wo ich mich von Bärennahrung ernähren konnte, nicht immer möglich. Doch so gut es unter diesen Umständen eben ging, hielt ich mich an meinen Diätplan.

Später dann in den Sommermonaten reiften die zahlreichen Regenwaldbeeren, mit denen ich mich täglich stärkte – verschiedene Heidelbeerarten (*Vaccinium* sp.), Krähenbeeren (*Empetrum nigrum*), Johannisbeeren (*Ribes* sp.), Preiselbeeren (*Oxycoccus* sp. oder *Vaccinium vitisidaea*), Pracht-Himbeeren (*Rubus spectabilis*) oder die wunderbar samtige Nutka-Himbeere (*Rubus nutkanus*). In manchen Jahren kann man sich hier mühelos einen Fünf-Liter-Topf in einer Stunde füllen.

Für Bären sind diese Beeren von großer Bedeutung. Neben dem Lachs sind diese das wichtigste Nahrungsmittel der Braunbären. Bei uns in den Rocky Mountains, wo Bären keinen Zugang zu Lachsen haben, kann ein männlicher Grizzly täglich bis zu 200 000 Büffelbeeren (*Shepherdia canadensis*) verzehren. Diese Büsche, bei denen nur die weiblichen Sträucher Früchte tragen, gedeihen in den Rockies vom Talboden bis in den alpinen Raum und sind so weitverbreitet, dass die Beeren allein bis zu vierzig Prozent des Energiebedarfs eines Bären pro Jahr abdecken können. Der hohe Gehalt an Vitaminen und anderen Nährstoffen der Beeren ist mit ein Grund dafür, dass Bären und andere Wildtiere praktisch nie erkranken.

Obwohl ich während des Sommers mit meiner Verpflegung ab und zu schummelte und mir eine Rehwurst, was ja auch Bärennahrung ist, gönnte, verlor ich etwas an Gewicht. Für mich war dieser minimale Gewichtsverlust kein Problem, denn ich konnte das gut vertragen. Es deutete jedoch darauf hin, dass meine Effizienz beim Sammeln von Wildnahrung im Vergleich zu den Künsten der Bären noch etwas zu wünschen übrig ließ.

Shepherdia canadensis oder Büffelbeere. Die wichtigste Beere für Bären an der Ostflanke der Rocky Mountains.

BÄREN-GEMÜSE-KRAPFEN

FÜR 4 PERSONEN

Für das Wildgemüse:
8 Löwenzahnstängel mit Blüte
 (*Taraxacum officinale*)
8 Weideröschenblüten
 (*Epilobium angustifolium*)
8 Veilchen mit Stiel
 (*Viola canadensis*)
8 Winterschachtelhalme
 (*Equisetum hyemale*)
1 l Sonnenblumenöl zum
 Ausbacken

Für den Bierteig:
150 g Mehl
150 ml Bier
2 Prisen Meersalz
2 Eier

Orange = keine Bärennahrung
Schwarz = Bärennahrung

Für den Bierteig das Mehl mit dem Bier und dem Salz verrühren. Die Eier trennen. Das Eigelb unter die Masse rühren. Das Eiweiß steif schlagen und dann vorsichtig unter den Teig heben.

Das Öl erhitzen. Die Wildgemüse durch den Bierteig ziehen und im heißen Öl ausbacken. Vor dem Servieren auf Küchenpapier etwas entfetten.

Varianten
Statt Wildpflanzen könnte man blanchierten Brokkoli, klein geschnittene Zucchini, gedämpfte grüne Spargelstangen oder Randenkraut (Rote-Bete-Kraut) verwenden.

Bärennahrung
Der Schachtelhalm ist eine wichtige Frühlingspflanze für den Bären, er enthält reichlich Siliziumdioxid, was Nägel und Haare stärkt, auch bei uns Menschen. Es ist möglich, dass Bären diese Pflanze als Heilmittel verwenden. Nach dem langen Winter in der Höhle können Krallen und Fell die Pflege jedenfalls gut gebrauchen. Für den Menschen ist beim Verzehr von Schachtelhalm Vorsicht geboten, denn die Pflanze enthält ein Enzym, welches das Vitamin B_1 zerstört. Doch das scheint nur bei großen Mengen (zwanzig Prozent des Körpergewichts) von Bedeutung zu sein. Bei Bären und vielen anderen Tieren, die sich regelmäßig und kiloweise von *Equisetum* ernähren, sind keine unerwünschten Nebenwirkungen bekannt.

Ein Freund von mir kam einmal frühmorgens in seine Backstube, und im Dunkeln sah er eine geisterhafte, weiße Gestalt auf seinem großen Backtisch. Es stellte sich heraus, dass ein Schwarzbär in der Nacht durch die Hintertüre eingebrochen war und ein paar Kilo Mehl gefressen hatte. Der Bär ähnelte nun mit seinem weiß gefärbten Fell einem Eisbären. Normalerweise ist Mehl selbst kein natürliches Nahrungsmittel für Bären. Doch in Europa und in Nordamerika fressen viele Braun- und Schwarzbären Weizen, Hafer oder andere Getreidearten in den Feldern, die für sie dort Teil ihres natürlichen Lebensraums sind.

Wir Menschen brauchen intakte Natur, ausgedehnte Wildnisregionen mit all ihren Bestandteilen, um als Art zu gedeihen. Ist das wirklich so? Warum denn, frage ich mich oft, gibt es Millionen von Menschen, die nie in ihrem ganzen Leben einen Vogel singen hören oder je einmal einen Urwald begehen werden? Und trotzdem ist die natürliche Welt unser Ursprung. Unsere Wurzeln entspringen nicht nur unserem Stammbaum, sondern führen weiter bis ins tiefste Innere dieser Erdkugel, unserem einzigen Zuhause.

Bei einem Besuch in der alten Heimat, der Schweiz, waren wir vor Kurzem nach einem Wintereinbruch im Irchelwald, nahe bei Zürich, unterwegs. Es war der erste Morgen, nachdem Frau Holle kräftig ihre Decke geschüttelt hatte. Vierzig Zentimeter Neuschnee hatten die Landschaft in das verwandelt, was sie im November eigentlich sein sollte – der Winter in seiner ganzen Pracht!

Ich war überrascht, wie viele andere Menschen, die alle scheinbar den ähnlichen Drang verspürten, diese winterliche Magie hautnah zu fühlen, wir auf diesem Spaziergang trafen. Und nicht nur zu Fuß waren sie unterwegs. Ich fand Spuren von Schneeschuhen, Mountainbikes, Schlitten und Skiern. Als wir auf einer erhöhten Lichtung am Waldrand ankamen, traute ich meinen Augen kaum, denn hier tummelten sich im warmen Sonnenlicht Hunderte mit einem breiten Grinsen im Gesicht. Es kam mir vor, als wären wir soeben bei einer großen Feier angekommen. Was es im Unterbewusstsein der meisten Anwesenden wahrscheinlich auch war. So im Stil der Walpurgisnacht, nur war es Tag, noch lange nicht der erste Mai, und Hexen sah ich auch keine. Auf jeden Fall keine mit Besen unter dem Hintern. Obwohl ich selbst gerne wenige bis gar keine anderen Menschen um mich habe, wenn ich in die Natur ein-

←
Auch die Familie des Autors ist manchmal mit auf Bärentour.

→
Der Autor, wo er sich am liebsten aufhält: in der Wildnis.

44 BEDÜRFNIS NACH DER WILDNIS

TAGEBUCHEINTRAG, 19. APRIL 1995
Klotener Wald, Schweiz

»Der Wald beruhigt mich. Auch hier, wo die natürliche Ruhe so stark gestört ist, kann ich mich auf Pflanzen und Tiere konzentrieren und eine innere Ruhe durch die Verbindung herstellen. Es ist schön heute im Wald. Die Sonne spielt ihr Spiel. Ein Spiel von Schatten und Licht, zu dem diese grüne Welt mittanzt, in Zeitlupe, immer der Sonne entgegen.«

tauche, empfand ich diese Szene als sehr erfrischend. Ich entnahm der Situation die Symbolik der enormen Wichtigkeit von Mutter Erde für uns alle. Solche Erlebnisse geben mir Hoffnung.

Eine ähnliche Ansammlung von Menschen wie an jenem Wintertag in der Schweiz erlebte ich bei meinem letzten Besuch im Yellowstone-Nationalpark, als wir den SRF-Dokumentarfilm »Die Rückkehr der Wildnis« drehten. Die Wölfe und Bären im Nationalpark haben Hunderte von Groupies. Viele der Wildtiere sind den Besuchern geradezu »persönlich« bekannt, sie werden ähnlich wie Popstars gefeiert und verfolgt. Diese Touristen, manchmal Hunderte, die sich gleichzeitig am Straßenrand des Lamar Valley einfinden, um stunden-, ja sogar tagelang einem Wolfsrudel aufzulauern, verhalten sich »ihren« Tieren gegenüber teilweise sehr beschützend, schon fast besitzergreifend. Kleine Lager aus Klappstühlen, Sonnenschirmen und Kühlboxen werden errichtet, Informationen und interessante Anekdoten über Beobachtungen ausgetauscht. Oft haben diese Fans bessere Informationen als die Biologen der Parkverwaltung, weil sie ständig hautnah am Geschehen sind. Sehen sie jemanden, der ein Sperrgebiet, zum Beispiel um eine Wolfshöhle herum, betritt, erhält der für die Wölfe zuständige Mitarbeitende des Nationalparks umgehend Dutzende von Nachrichten von besorgten Beobachterinnen und Beobachtern. Obschon man sich auch in diesem Fall über eine zu große Menschenansammlung ärgern kann, sah ich das damals auch eher als Symbol des Stellenwerts, in diesem Fall des wilden Herzens von Amerika, des Yellowstone-Nationalparks.

Ein Freund fragte mich vor vielen Jahren: »Wofür brauchen wir Bären, warum Wildnis?« Es ist eine Frage, die nicht ganz einfach zu beantworten ist. Doch ich versuche es einmal.

BEDÜRFNIS NACH DER WILDNIS

Ich werde den Moment nie vergessen, als ich zum ersten Mal eine fast tellergroße Fährte eines Amurtigers vor mir auf einer Holzfällerstraße im Fernen Osten Russlands sah. Die Größe der Spur, die hohe Luftfeuchtigkeit des subtropischen Laubmischwaldes und der Ruf eines Kuckucks aus dem dichten Blätterdach vervollständigten die atemberaubende Situation für mich. Mir wurde in diesem Augenblick bewusst, dass ich Teil eines ganzheitlichen, unglaublich komplexen Ökosystems war. In diesem Moment fühlte ich mich so, wie sich ein eingeborener Jäger und Sammler fühlen muss. Verschmolzen mit dem Wald, dem Kuckuck und dem Tiger. Ich war eins mit allem anderen, das mich umgab, und das lässt einen auf der einen Seite Demut verspüren, und auf der anderen Seite realisiert man, wie wichtig jeder einzelne dieser vielen Bausteine ist, die das große Ganze ausmachen. Die Tigerfährte symbolisierte für mich dieses perfekte Zusammenspiel.

Doch es muss kein Großraubtier wie der Tiger oder Bär sein, um in uns solche Gefühle der Verbundenheit auszulösen. Ein Specht im Baum hinter dem Haus oder ein Schmetterling, der über einer Blüte im Garten schwebt, können eine ähnliche Wirkung haben.

In Joe Bidens erster Woche im Amt als Präsident ordnete er als nationales Ziel an, bis 2030 dreißig Prozent der Land- und Ozeanflächen der USA zu schützen. Das gleiche Ziel rief eine 2022 auf der Biodiversitätskonferenz COP 15 getroffene Vereinbarung für die ganze Erde aus: Bis 2030 sind mindestens dreißig Prozent der Land- und Wasserfläche des Planeten zu schützen. Das klingt doch gar nicht so schlecht, oder? Wenn man jedoch bedenkt, dass zum Beispiel der Rückgang

Solche Begegnungen können unsere verborgenen Instinkte wiedererwecken.

von Insektenpopulationen selbst in Schutzgebieten Deutschlands bis zu achtzig Prozent beträgt oder dass wir trotz einer ungefähr zehnfachen Zunahme von Schutzgebieten weltweit seit 1950 immer mehr an Artenvielfalt verlieren, versteht man, dass diese dreißig Prozent nicht ausreichend sind oder sein werden. Vor allem dann nicht, wenn mit großer Wahrscheinlichkeit viele der neuen Schutzgebiete in den kommenden Jahren in ökologisch unwichtigen Gegenden etabliert werden.

Viel näher ans Ziel käme wahrscheinlich die »Nature needs half«-Bewegung. Im Vergleich zur Dreißig-Prozent-Idee hat diese Bewegung einen wissenschaftlichen Hintergrund. Verschiedene Studien zeigen auf, dass, wenn wir fünfzig Prozent der ökologisch wichtigen Regionen der Erde schützten gleichzeitig etwa achtzig Prozent der Biodiversität erhalten blieben. Schafften wir das bis zum Jahr 2030, könnten wir das sechste Massenaussterben knapp verhindern.

Es gibt also Grund zur Hoffnung. Millionen von Menschen auf der Erde setzen sich für den Erhalt einer intakten Natur und Wildnis ein. In Form von Hunderten von Rewilding- und Wiederansiedlungsprojekten wehren sich immer mehr Menschen gegen dieses Ungleichgewicht, gegen die Verkleinerung und Beschneidung von Lebensraum und gegen den stetigen Drang zu ökonomischem Wachstum.

In den 1990er-Jahren arbeiteten verschiedene NGOs an der Wiederansiedlung des Wolfs im Yellowstone-Nationalpark, nachdem Wölfe in der Region offiziell 1926 durch Prädatorenkontrolle ausgerottet worden waren. Das Rewilding-Projekt dieser Schlüsselart dauerte fünfzehn lange Jahre, bis die ersten aus Kanada stammenden Wölfe dort endlich in die Freiheit entlassen wurden. Mehr als 160 000 Briefe, der

→
Ara, die Tochter des Autors, hat in Russland die Fährte eines Amurtigers gefunden.

↓
Harmonie zwischen uns Zweibeinern und Bären ist nicht nur möglich, sondern auch notwendig.

Großteil davon von Wolfsbefürwortenden, hatte der Staat damals von seinen Bürgern und Bürgerinnen erhalten. Die Rückkehr dieser Raubtierart hatte beeindruckende Auswirkungen auf den Rest des Lebens im Yellowstone-Gebiet. Zunächst wurden die viel zu hohen Beutetierbestände, vor allem die des Wapitihirschs, reduziert. Die Weiden- (*Salix* sp.) und Zitterpappelbestände (*Populus tremuloides*) erholten sich, weil sie von den Huftieren weniger in Beschlag genommen wurden. Elch und Biber, die beide Weidengewächse lieben, kehrten zurück. Diese beiden Arten schufen neue Feuchtgebiete, welche wiederum zu neuem Lebensraum für Singvögel, Amphibien und Insektenarten wurden. Die Rückkehr des Wolfs veränderte sogar den Flusslauf, weil die wiedererstarkte Vegetation die Uferböschungen vor Erosionen schützte und somit die fließenden Gewässer wieder freien Lauf hatten.

In Banff wurden im Jahr 2018, hundertvierzig Jahre nach ihrer Ausrottung im Nationalpark, wieder einunddreißig Bisons ausgewildert. Sechs Jahre später hat sich diese Population auf einhundert Tiere vergrößert. Wenn sich diese tausend Kilogramm schweren Brocken für ein Staubbad am Boden wälzen, kreieren sie mit der Zeit Mulden, die in regelmäßigen Abständen immer wieder benutzt werden. So entstehen Vertiefungen im Boden, die bis zu einem Meter tief sein können und sich bei Regen mit Wasser füllen. Diese Mulden, die meist in einer eher trockenen Landschaft angelegt werden, können für verschiedene Vogelarten, Insekten und sogar Amphibien wichtig sein. Stellt euch vor, welchen Einfluss die unzähligen »wallows«, so der englische Spitzname der Bisons (to wallow = sich suhlen, wälzen), auf die Umwelt hatten, als die nordamerikanische Prärie noch von sechzig Millionen Bisons beweidet wurde. Urin und Exkremente dieser Riesenrinder sind reich

→
Als wären sie nie weg gewesen:
die frisch ausgewilderte Bisonherde
im Hinterland von Banff.

↓
Ein Wolf mit seiner Beute
im Banff-Nationalpark.

an Stickstoff, Phosphor, Schwefel und Magnesium und nähren die Erde. Nicht nur die Vegetation profitiert von diesen Ausscheidungen, denn ein einziger Bisonkothaufen bietet Lebensraum und Nahrung für bis zu dreihundert verschiedene Insektenarten. Wenn man das Insektensterben der letzten Jahre bedenkt, kann man sich ausrechnen, wie sich sechzig Millionen Büffel allein auf das Insektenleben ausgewirkt hätten.

Natürlich ist die Schweiz kein Yellowstone-Nationalpark, doch die heute fast fünftausend Biber im Land haben auch dort nicht nur negative Einflüsse. Als Lebensraumgestalter hat der Biber auch schöpferische Talente. Die Biodiversität nimmt dort, wo er nagt, gräbt und baggert, zu. Fische, Vögel, Amphibien und Insektenarten nehmen von der Vielfalt und Anzahl her zu. Und mit den zusätzlichen Feuchtgebieten, die die Biber schaffen, könnte man sich vielleicht überlegen, ob genügend Lebensraum existierte, um ein paar der beeindruckenden Elche auszuwildern. Oh, das wäre schön!

Im Gorongosa-Nationalpark von Mosambik war der Bürgerkrieg in den 1970er-Jahren für das Verschwinden von fast allen Wildtieren verantwortlich. Seither ist das Leben dort mit mehr als 100 000 Großsäugern wieder zurückgekehrt. Während viele dieser Tiere, nachdem man das existierende Habitat geschützt und aufgewertet hatte, sich wieder auf natürliche Weise eingefunden haben, sind Zebra, Elefantenantilope, Büffel, Leopard, Wildhund und Hyäne dort vom Menschen wieder angesiedelt worden.

Die Natur hat für uns Menschen aus verschiedenen Gründen einen enormen Stellenwert. Nahrung, sauberes Wasser und klare Luft sind die elementarsten Grundbedürfnisse aller Lebewesen auf der Erde, und die Natur beschenkt uns seit langer Zeit damit. Doch wir benötigen eine gesunde Umwelt nicht nur aus ökologischen Gründen, sondern wir sind von ihr auch spirituell abhängig. Da wir Teil der Natur sind und nicht separat davon existieren, glaube ich, dass der Zustand der Natur unseren Seelenzustand reflektiert. Treten wir die Erde mit Füßen, so hat das direkte Konsequenzen für unsere Psyche.

Angesichts der immer rasanter zunehmenden mentalen Probleme der Weltbevölkerung, die möglicherweise stark an das allgegenwärtige Abtauchen in die sozialen Medien gekoppelt sind, sollten wir uns als Gesellschaft intensiv damit befassen, in welchem Maße die verschwindende Natur in und um uns mit diesem Negativtrend verbunden ist.

→
Der Bär ist ein Symbol
für intakte Wildnis.

↓
Vergleicht man diese Szene mit dem
Anblick von Zoobären,
wird schnell klar, warum diese Tiere
nicht hinter Gitter gehören.

BISON-CARPACCIO

FÜR 4 PERSONEN

100 ml Walnussöl
50 g Pinienkerne
2 Wacholderbeeren
15–20 Fichtennadeln
 (*Picea glauca*)
2 Prisen Meersalz
Pfeffer aus der Mühle
200 g Bison, Nierstück oder
 Filet, tiefgekühlt

Das Öl mit 40 g Pinienkernen, Wacholderbeeren, Fichtennadeln, Salz und Pfeffer im Mörser zu einer Sauce verarbeiten. Es muss nicht alles fein gemörsert werden, Hauptsache, der Geschmack von allem ist vorhanden.

Orange = keine Bärennahrung
Schwarz = Bärennahrung

54   BEDÜRFNIS NACH DER WILDNIS

Das Fleisch etwa eine halbe Stunde leicht antauen lassen, dann mit einer Aufschnittmaschine in hauchdünne Scheiben schneiden und diese sofort auf den bereitstehenden Tellern auslegen. Mit der Sauce bepinseln und mit den restlichen Pinienkernen garnieren.

Varianten
Bisonfleisch kann durch Rindfleisch ersetzt werden.

Bärennahrung
Nüsse aller Art, wenn im jeweiligen Lebensraum vorhanden, stehen ganz oben auf dem Speiseplan von Bären. Da sich viele Braun- und Grizzlybären größtenteils vegetarisch ernähren, sind vor allem die Kerne der verschiedenen Pinien, die bis zu vierzig Prozent Fett enthalten, Gold wert. Die Grizzlys im Yellowstone-Gebiet warten geduldig, bis die Eichhörnchen im Herbst die Samen der Weißstämmigen Kiefer (*Pinus albicaulis*) in ihren großen unterirdischen Winterlagern verstaut haben, um diese dann genüsslich zu plündern. Das erspart ihnen die überlebenswichtige Energie, die Bäume selbst zu erklimmen und die Nüsse zu ernten.

Wacholderbeeren (*Juniperus communis*) werden hauptsächlich von Schwarzbären und wenn, dann meist nur in Notfällen gefressen, das heißt, wenn die bevorzugten Beerenarten wenig oder keine Früchte produzieren.

Sogar ein ausgewachsener Grizzly reißt nur höchst selten ein Bison. Wenn ein Bär an einem solch begehrten Kadaver anzutreffen ist, ist das Tier entweder auf natürliche Art gestorben (in kalten Wintern verhungern die Bisons manchmal) oder der Bär hat einem Wolfsrudel den Büffel streitig gemacht.

AUCH BÄREN HABEN GEFÜHLE

Von weit her und trotz des heulenden Winds war das Schreien des nur fünf Monate alten Bärenjungen gut hörbar. Es war ein überaus stürmischer Tag an der Küste Alaskas, als sich die Bärin entschied, bei steigender Flut die fast einen Kilometer breite Flussmündung zu überqueren. Der mit Gletscherwasser gefüllte Fluss teilt sich hier in mehrere Läufe auf und mischt sich mit den Wogen des Pazifiks. Die Bärin hatte drei Junge vom gleichen Jahr bei sich und war schon mitten in den Wellen, als ich die Familie zum ersten Mal erspähte. Es handelte sich bei dieser Bärin um eine, mit der ich noch nicht bekannt war. Ich versteckte mich mit meiner kleinen Gruppe von vier weiteren Bärenfans hinter einem der wenigen Bäume am Rand dieser Küstenwiese, um dieses Drama mitzuverfolgen, ohne die schon sehr gestresste Familie noch mehr zu belasten.

Zwei der drei Jungbären waren offensichtlich in besserer Verfassung als der kleinere Kümmerling, der fast ständig schrie. Die beiden schwammen vor der Mama her in Richtung Ufer, während der Kleine auf den Sandbänken zwischen den Flussläufen, die allesamt schon bis zu seinem Hals unter Wasser standen, innehielt. Die Mutter watete oder schwamm mehrmals zu dem Schreihals zurück, wenn er eine Pause einlegen wollte, und mahnte ihn mit sanften Prankenstößen, nicht aufzugeben.

Der Kleine ganz links ist hier schon erschöpft.

Warum die Bärin in dieser brenzligen Situation ihrem Jungen nicht ihren Rücken als Taxi angeboten hat, was ich schon öfter beobachtet habe, ist mir ein Rätsel. War sie zu jung und zu unerfahren? Hatte sie das in ihren jungen Jahren von ihrer eigenen Mutter nie selbst gelernt?

Als die zwei fitteren Jungen am Strand ankamen, plumpsten sie sogleich auf den Boden, rollten sich nahe beieinander wie kleine Hundewelpen ein und schliefen erschöpft und wahrscheinlich auch etwas unterkühlt ein. Die Mutter bemühte sich währenddessen weiterhin auf ihre Art, ihrem dritten Schützling zum Erreichen des Festlands zu verhelfen, doch leider ohne Erfolg.

Hier mein Tagebucheintrag zu dieser Geschichte:

TAGEBUCHEINTRAG, 14. JUNI 2014
Lake-Clark-Nationalpark, Alaska

»... das Weibchen versuchte weiterhin, das Junge mit ihrer Tatze anzutreiben ... wenige Minuten später verstummten die Schreie des Kleinen, während er sich langsam weiter durch Wind und Wellen kämpfte ... plötzlich bewegte sich das Junge nicht mehr, und sein lebloser Körper dümpelte sanft in den Wellen auf und ab ... nur die eine oder andere Tatze ragte ab und zu über die Wasseroberfläche hinaus ... das Junge befand sich noch etwa achtzig Meter vom Ufer, als es ertrank ... Mama rannte ein letztes Mal zurück und hob das braune durchtränkte Fellbündel mit einer Tatze halbwegs aus dem kalten Wasser und beschnüffelte es ein letztes Mal ...«

Die Mutter legte sich danach dicht neben ihre beiden Überlebenskünstler, schaute jedoch weiterhin immer wieder auf das Wasser in Richtung des treibenden toten Jungbären. Ich hätte viel dafür gegeben, in diesem Moment Zugang zu ihren Gedanken zu haben. So interessant und vielleicht einmalig diese Beobachtung war, so sehr schmerzte sie auch. Unsere Trauer war so stark, dass die Stimmung in unserer sonst so lustigen Truppe für mehrere Tage ziemlich am Boden war.

Die Geschichte nahm ihren Lauf. Es verging nach dem Tod des Jungen keine Minute, als ein ausgewachsener Weißkopfseeadler über dem Bärenkadaver schwebte und mit einer seiner Klauen versuchte, das Fellbündel aus den Fluten zu heben. Ich habe schon verschiedentlich Adler beobachtet, die sich im Meer auf für mich unsichtbare Beute stürzten. Meist ist der Fisch nicht zu groß, um ihn aus dem Wasser zu ziehen und die Mahlzeit mithilfe von kräftigen Flügelschlägen in eine nahe gelegene Baumkrone zu transportieren. Ich habe es jedoch auch schon beobachtet, dass Adler nicht mehr abheben konnten, weil ihre Beute zu schwer war. In solchen Fällen verwenden diese Riesenvögel

AUCH BÄREN HABEN GEFÜHLE

ihre meterlangen Schwingen oder Flügel wie Ruder und schwimmen manchmal Hunderte von Metern bis zum Ufer, um dort ihre Beute an Land zu ziehen. Das war für den Weißkopfseeadler in diesem Fall jedoch keine Option, denn am Ufer wartete unterdessen eine sehr aufgebrachte Bärenmutter. Als die Bärendame den Adler und seine Absicht bemerkte, erhob sie sich blitzschnell und preschte das Ufer entlang bis auf die Höhe des Geschehens in nur noch etwa zwanzig Metern Entfernung. Mit lautem Wuffen und auf den Hinterbeinen am Wasserrand stehend, machte sie dem Raubvogel ihre Meinung deutlich. Sekunden später ließ der Adler das Bein des kleinen Bärenjungen wieder los und machte sich mit kräftigen Flügelschlägen davon.

↑
Der Adler ist schnell zur Stelle.

→
Die Mutter blickt noch einmal zurück, um sicherzugehen, dass ihr Junges wirklich tot ist.

Durchnässt vom anhaltenden Sturm und ziemlich niedergeschlagen von dem Erlebten, machten wir uns etwas später wieder auf in Richtung der warmen Hütte, wo heißer Tee und eine Suppe auf uns warteten.

In den Tagen danach suchte ich den Ort dieser Tragödie noch mehrere Male auf. Beim ersten Besuch nach dem Zwischenfall traute ich meinen Augen kaum: Eingebettet in der Mulde, welche die Mutter für ihre beiden überlebenden Jungen zum Ausruhen gegraben hatte, lag nun das tote Bärlein. Wie war das möglich, wenn das Junge, als wir am Tag zuvor aufbrachen, im Flusslauf mit der Strömung Richtung offenes Meer getrieben worden war? Die einzige Erklärung dafür war, dass die Bärenmama ihr verstorbenes Jungtier aus den Fluten gefischt und es dort zur Ruhe gelegt hatte. Ich wanderte täglich zurück an die Unfallstelle, um den Kadaver zu überwachen. Zwei Tage später sah ich die Mutter ein letztes Mal bei dem toten Jungen am Strand. Sie näherte sich langsam mit ihren beiden überlebenden Youngsters und stand dann in fünfzehn Metern Entfernung auf ihren Hintertatzen. Mit der Nase in der Luft und ihre Augen in Richtung Jungbär gewendet, schien es mir, als ob sie sich ein letztes Mal vergewissern wollte, dass ihr Junges wirklich tot war.

Angst, Wut, Zärtlichkeit, Mitgefühl und Liebe sind einige der Emotionen, die im Verhalten der Bärenmutter in dieser Situation für mich deutlich spür- und sichtbar waren.

Viele Wissenschaftlerinnen und Wissenschaftler gestehen Wildtieren nach wie vor keine Gefühle zu. Man spricht stets davon, man wolle die Vermenschlichung unserer vierbeinigen Verwandten vermeiden. Das erscheint mir als pure Arroganz und zeugt vielleicht eher von unserer Angst, dass wir Menschen möglicherweise einfach nicht die Krone der Schöpfung sind.

Dass wir Menschen den Affen sehr nahe sind, ist heute kein Geheimnis mehr. Mit mehr als achtundneunzig Prozent Übereinstimmung ähnelt unser Genmaterial dem der Schimpansen sehr. Der Dokumentarfilm »Chimp Empire« zeigt wie kein anderer Film die Gemeinsamkeiten auf. Eine wunderbare Aufnahme reiht sich in dieser Doku-Serie an die nächste und verdeutlicht, wie diese uns so nah verwandten Säugetiere aufrecht gehen, sich liebkosen, denken, jagen, ruhen oder gegeneinander kämpfen. Dieses Porträt von *Pan troglodytes* ist unheimlich berührend, unverfälscht und so intim gedreht, dass man sich bei vielen Szenen fragt, wie die Filmemacher das geschafft haben.

Die Primatenforscherin Jane Goodall war die erste Wissenschaftlerin, die Wildtieren einen individuellen Charakter zugestand. Als sie die Schimpansen in ihrem Studiengebiet besser kennenlernte, fing sie an, ihnen Namen, passend zu ihren Besonderheiten, zu geben.

Sie erhielt viel Kritik von anderen, vor allem von männlichen Wissenschaftlern, damals in den frühen 1960er-Jahren, als sie der Welt ihre ersten Resultate verkündete. Als Goodall von ihren Beobachtungen erzählte, wie ihr Lieblingsschimpanse David Greybeard Werkzeuge aus Ästen herstellte und verwendete, um an Termiten heranzukommen, wurde ihr vorgeworfen, sie habe ihren Affen den Gebrauch der Werkzeuge beigebracht. Man solle, kritisierte man sie weiter, Tiere Nummern und nicht wie uns Menschen Namen geben, geschweige denn ihnen Persönlichkeiten zugestehen. Das seien alles rein menschliche Eigenschaften. Jane selbst meinte 2023 in einem Interview mit dem Schweizer Fernsehen SRF dazu: »Warum sollte ich diesen Schimpansen keine Namen geben, wenn wir unseren Hunden, Katzen oder Meerschweinchen Namen geben? Ihnen Nummern zu geben, nur weil sie keine Menschen sind, ist etwas, das wir nur in einem Gefängnis oder Konzentrationslager tun. Wer Zeit mit Tieren verbringt, gezähmt oder wild, wird verstehen, dass wir Menschen nicht die Einzigen sind, die eine Gefühlswelt haben oder sich im Charakter voneinander unterscheiden.«

Wir gleichen jedoch nicht nur Schimpansen. Es vergeht fast kein Tag unter Bären, wo ich ihr Verhalten nicht mit dem von uns Zweibeinern vergleiche.

→
Nein, das ist kein Mensch im Bärenpelz.

↓
Das Junge liegt in der Mulde, die seine Mutter gegraben hat.

Ich kann mit dem Wort »Anthropomorphismus« wenig anfangen. Bei dieser Diskussion geht es eher darum, dass alle Lebewesen eine Seele haben, egal ob zwei- oder mehrbeinig. Es geht auch darum, dass alle Wildtiere, ob groß oder klein, genau wie der Mensch auch, ein unerlässlicher Teil eines funktionierenden ganzheitlichen Ökosystems sind. Jede einzelne Art in diesem komplexen Netz hat ihre Funktion und das Recht auf eine Existenz. Eine Existenz, die der unseren in nichts nachstehen sollte, egal, ob die Wissenschaft wem auch immer kognitive Fähigkeiten zugesteht oder nicht.

TAGEBUCHEINTRAG, 30. MAI 2013
Ferner Osten, Russland

»Da ich daran glaube, dass Bären ein Gefühlsleben haben, frage ich mich oft, wie diese Bärenwaisen ohne die Fürsorge und Pflege ihrer Mutter auskommen. Das eine junge Weibchen zum Beispiel nähert sich uns bei unseren Wanderungen oft mit einem weinerlichen Ruf ... Zusammen mit ihrem Verhalten fühlt sich das an wie ein Ruf nach Aufmerksamkeit und Zuneigung. Wenn sie das, was sie suchte, von uns beiden (meinem Projektpartner Sergey Kolchin und mir) nicht bekam, schnappte sie sich einen alten Pinienzapfen und saugte an diesem mit dem gewohnten Schnurrton, den man von Bärenjungen, die gesäugt werden, kennt. Wie emotional beeinflusst sind diese Jungen durch das Fehlen ihrer Mutter? Ohne die Zuneigung, Sicherheit und Pflege, die eine Mutter ihren Jungen normalerweise bietet?«

Ich glaube, Bären haben nicht nur eine ähnliche Gefühlswelt wie wir. Sie sind zudem individuell denkende Wesen, die Gedankengänge haben, die sich von den unseren wahrscheinlich gar nicht groß unterscheiden. Ich glaube, der große Unterschied zwischen Menschen und Bären oder anderen Großsäugern liegt nicht in der Fähigkeit, Emotionen zu zeigen oder in den kognitiven Fähigkeiten, sondern im Setzen von unseren täglichen Prioritäten. Ein Bär, der in der rauen Wildnis mit all den damit verbundenen Gefahren zu Hause ist, versucht zu überleben und wird dementsprechend seine Prioritäten anders setzen, als wir das in unserer Luxusgesellschaft tun. Die Bärin in der oben beschriebenen Geschichte, die ein Junges verlor, hatte zwei weitere Kleine, für die sie verantwortlich war. Sie konnte sich eine lange Trauer, wie wir Menschen sie heute praktizieren, schlicht nicht leisten.

Vor vielen Jahren, als ich Gast bei einer indigenen Familie im Amazonasgebiet war, erlebte ich eine Situation, die gut vergleichbar mit dieser Geschichte vom toten Bärenjungen ist. Als ich in dem kleinen in einer Waldlichtung gelegenen Dorf am Rio Negro mitten im Dschungel ankam, ruhte ein an Malaria erkranktes kleines Mädchen in einer Hängematte unmittelbar neben der Hütte ihrer Eltern. Das Mädchen

Ähnlich wie die Menschen erziehen auch Bärinnen ihre Jungen unterschiedlich.

starb zwei Tage danach. Die Szene, die ich beim zweiten Besuch im Dorf vorfand, schockierte mich damals. Aber nur, weil ich in meinem jungen Leben zuvor noch nie mit der Kultur eines Jäger- und Sammlervolkes konfrontiert worden war. Bekleidet mit einem hübschen bunten Gewand, lag das junge Menschlein auf einem kleinen, niedrigen Tisch. Der leblose Körper war mit den Blüten einer mir damals nicht bekannten Pflanze dekoriert. Nebenan hämmerten zwei Dorfbewohner einen äußerst bescheidenen kleinen Sarg zusammen. Drei Kleinkinder spielten kreischend um den Tisch, auf dem die Verstorbene lag. Das Leben ging weiter, musste weitergehen, denn es galt, die Mäuler der lebendigen Dorfbewohner zu stopfen. Genau wie bei der Bärin deutet dieses Verhalten nicht auf ein gefühlloses Volk ohne Fähigkeit zur Trauer hin, sondern eher auf Prioritäten, die mit anderen, unmittelbar bevorstehenden Sorgen verbunden sind.

Die tragische Geschichte des Ertrinkungstodes des Jungbären ist nur eines von vielen Beispielen, wo Bären entweder untereinander oder mir gegenüber Emotionen offenbart haben.

Folgende Geschichte hatte ihren Ursprung im Sommer 2004, als ich zusammen mit Charlie Russell am Südzipfel der Kamtschatka-Halbinsel im Fernen Osten Russlands fünf verwaiste Jungbären großzog (siehe letztes Kapitel, Seite 219). Sky war einer der fünf Strolche von damals. Mit ihr hatte ich ein spezielles Verhältnis, was wiederum ganz deutlich auf die oft stark voneinander abweichenden Persönlichkeiten der einzelnen Bären hinweist.

Sky und ich hatten ein Spiel entwickelt, mit dem wir uns nur an einem bestimmten Ort auf unseren regelmäßigen Wanderungen unterhalten konnten. Dieser Ort lag zwei Kilometer nördlich von unserer Hütte, gleich neben einem kleinen idyllischen See. Charlie beschrieb in einem Brief an seinen Bruder Gordon diese Interaktion:

14. August, 2004
»Sky und Reno haben einen Tanz entwickelt. Der ist zum Schreien. Sie haben ein Ritual entlang einer unserer Pfade nördlich der Hütte. Dort steht ein Felsblock in einer Wiese. Sobald dieser in Sichtweite ist, sprinten beide los. Sky klettert hinauf und befindet sich somit über Reno. Dann versuchen sie sich gegenseitig vom Thron zu stoßen. Da Reno momentan in PK (Petropawlowsk) ist, versuchte ich, ihn zu vertreten. Wir rannten beide los, doch als wir dort ankamen, kletterte Sky nicht auf den Stein. Stattdessen schaute sie mich ablehnend an und rannte ihren Geschwistern nach.« (Charlie Russell)

↓
Wie bei uns Menschen ist dieses Junge ohne die Fürsorge seiner Mutter hilflos.

POLENTA-PFANNKUCHEN MIT WEIDERÖSCHENSIRUP, WILDEN HEIDEL- UND ERDBEEREN

FÜR 4 PERSONEN

Für den Weideröschensirup:
½ l Wasser
350 g Honig
100 g Weideröschenblüten (*Epilobium angustifolium*)
1 Zitrone, Saft

Für die Pfannkuchen (ca. 10 Stück):
250 g Maismehl
4 TL Backpulver
1 Prise Meersalz
2 EL Honig
ca. 350 ml Milch
Vanilleextrakt oder -pulver
100 ml Sonnenblumenöl
200 g Erdbeeren (*Fragaria virginiana*) und Heidelbeeren (*Vaccinium membranaceum*), gemischt

Orange = keine Bärennahrung
Schwarz = Bärennahrung

Für den Sirup das Wasser und den Honig aufkochen, dann vom Herd nehmen. Die Blüten dazugeben und 24–48 Stunden einweichen.

Danach absieben, erneut erhitzen und auf ein Drittel der Flüssigkeit reduzieren. Abkühlen lassen. Dann den Zitronensaft dazugeben.

Für die Pfannkuchen das Maismehl mit dem Backpulver und dem Salz mischen. Den Honig mit der Milch und der Vanille verrühren, zu der Mehlmischung geben und alles gründlich verrühren. Die Pfannkuchen im erhitzten Öl goldbraun ausbacken.

Die Beeren auf die gebackenen Pfannkuchen geben und mit dem Sirup übergießen.

Varianten
Das Maismehl kann durch ein beliebiges anderes Mehl ersetzt werden. Statt Weideröschensirup kann man Honig oder Ahornsirup verwenden.

Bärennahrung
Außer Milch, Zitrone, Vanille und Backpulver kann alles hier als Bärennahrung betrachtet werden.

Angebauter Mais wird in verschiedenen Ländern von Braunbären, Schwarzbären und Brillenbären gefressen. Bären empfinden Mais auf einem Feld in freier Natur nicht als unnatürliche Nahrung. In Ecuador und Peru gibt es Bauern, die Mais extra für Brillenbären anpflanzen. Deshalb zählt für mich dieses Nahrungsmittel zu der natürlichen Nahrung von Bären. In Kroatien, Bulgarien, Rumänien und anderen Ländern werden Bären mit Mais angefüttert, um Bestandsaufnahmen durchzuführen oder sie zu bejagen.

Vor einigen Jahren erfuhr eine Schwarzbärin in Kanada einen Schreck: Ihre drei Jungen kletterten auf einen mit Weizen beladenen Zug, um von der Ladefläche zu fressen. Doch dieser setzte sich plötzlich in Bewegung. Die ungeplante Taxifahrt führte die Kleinen schließlich dreißig Kilometer weit weg. Dort warteten bereits die Parkaufseher und brachten die Bärenkinder umgehend der bangenden Mutter zurück.

Der einzige mir bekannte Ort, wo Braunbären regelmäßig Erdbeeren fressen, ist auf den Aleuten (Alaska), wo diese Beere in großer Dichte vorkommt und viel größer wächst als in südlicheren Regionen. Normalerweise ist diese (wilde Erd-)Beerenart zu klein, als dass es sich für Bären energetisch lohnen würde, sie zu pflücken.

DER LACHS UND DIE HEIDELBEERE IM BÄREN

Diesen Kapitelnamen habe ich von Linda Buckley gestohlen und leicht abgeändert. Linda ist Yogalehrerin und Autorin. Sie schreibt Kinderbücher, die die Verbundenheit aller Dinge in einem Ökosystem beschreiben. Lindas Buchtitel *The Bear in the Blueberry* (»Der Bär in den Heidelbeeren«) oder *The Humpback in the Herring* (»Der Wal im Hering«) illustrieren dieses wichtige Zusammenspiel unter Arten wunderbar und für alle verständlich.

Eine Freundin von mir gründete vor vielen Jahren einen Stachelschweinklub, weil sie sich ziemlich daran störte, dass alle immer nur von den »sexy large carnivours« Bär, Wolf oder Luchs sprachen. Ihr neuer Klub, in dem man durch einen Fingerpiks mit einem Stachel eines Stachelschweins Mitglied wurde, änderte an der Attraktivität und der großen Bedeutung der Großraubtiere allerdings nicht viel. Vor allem aber ist ja der Grund, warum es viel mehr Bären- statt Stachelschweinschutzprojekte gibt, ein sehr guter. Schützt man den Lebensraum einer Schlüsselart wie denjenigen des Grizzlybären, schützt man gleichzeitig Dutzende von anderen Arten, wie etwa die Stachelschweine. Man schlägt also mehrere Fliegen mit einer Klappe.

Wie all die verschiedenen Elemente der Natur miteinander verbunden sind, ist für uns meist nur teilweise ersichtlich. Viele der Zusam-

→
In der Natur ist alles miteinander verbunden – ähnlich wie in einem Spinnennetz.

↓
Visualisierung der Verflechtungen innerhalb eines Ökosystems (Zeichnung des Autors).

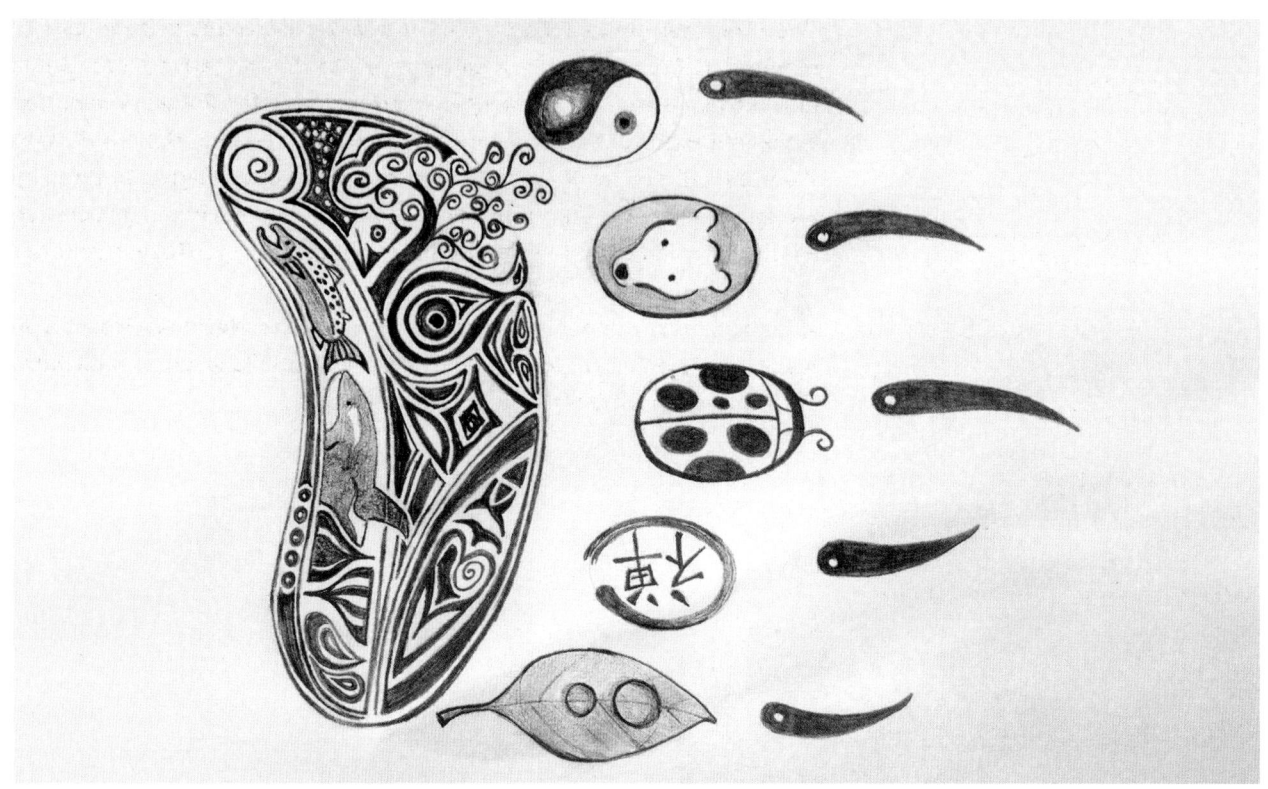

menhänge bleiben uns Menschen verborgen. Nimmt man den Lachs als Beispiel, kann man einige der Fäden dieses komplexen Spinnennetzes spinnen.

In ihrem Klassiker *Silent Spring* (»Der stumme Frühling«), geschrieben 1962, schreibt Rachel Carson: »*In der Natur existiert nichts allein.*« Viel früher, nämlich 1869, notierte John Muir in einem seiner Tagebücher Folgendes: »*Wenn man an einem einzigen Ding in der Natur zieht, findet man es mit dem Rest der Welt verbunden.*«

Wie also sind zum Beispiel Lachs, Bär, Heidelbeere und ganze Küstenwälder miteinander verbunden? Vor Jahren verfolgte ich einmal über zwei Sommer hinweg die Entwicklung eines Bärenkothaufens, der zu einhundert Prozent aus Heidelbeeren bestand. Ich markierte die Stelle und fotografierte den Kot und später den durch den Regen gereinigten Flecken Waldboden in unregelmäßigen Abständen, bis sich an diesem Wegrand mitten im Küstenregenwald neues Leben regte. Im Frühling reckten sich dann die ersten zarten Stauden einer frisch geborenen Heidelbeerpflanze in Richtung Himmel und Sonne, gesät und gedüngt vom Bärenkot.

In einem meiner ersten Jahre im Tongass National Forest von Alaska stolperte ich auf dem Weg zum Lachsfluss noch weit vom Flussufer entfernt über einen Lachskadaver.

↓
Nahrungsknappheit kann unter Bären zu Konflikten führen.

TAGEBUCHEINTRAG, JULI 1986
Tongass National Forest

»Ich war verblüfft, als ich gestern weit vom Fluss entfernt fast über einen scheinbar frischen Fisch mitten auf dem Waldpfad stolperte. Später lernte ich, dass der große Buckel hinter dem Kopf des Fisches diesen als männlichen Buckellachs oder »Pinky«, wie ihn Einheimische auch nennen, entlarvte. Aber wie endete dieser Fisch so weit von einem Gewässer entfernt mitten auf diesem Weg?«

Ich konnte mir damals nicht vorstellen, wie dieser große Fisch, bei dem es sich um einen Buckellachs handelte, mitten im Wald unter uralten Sitka-Fichten enden konnte. Viele der Bären, vor allem in dichten Populationen, schleppen ihre Beute weit ins Dunkel der schützenden Baumriesen, um sie dort ungestört zu verzehren. Meist sind es die dominanteren Tiere, die ihren Lachs gleich dort im Fluss, wo sie ihn gefangen haben, verschlingen. Die rangniedrigeren Bären ziehen es vor, ihre Beute in der Sicherheit der ufernahen Vegetation zu fressen.

Von jedem nicht vollständig gefressenen Lachs bleiben Überreste von Stickstoff, Phosphor und anderen Nährstoffen übrig, die dann mithilfe von Regen ins Erdreich gelangen und es anreichern. Wissenschaftlerinnen und Wissenschaftler sagen, dass die Vegetation entlang eines intakten Lachsgewässers viel schneller und gesünder gedeiht als dort, wo Menschen Fisch, Bär und Adler eliminiert haben. Eine Studie besagt, dass ein einziger Hundslachs dem Ökosystem im Durchschnitt einhundertzwanzig Gramm Stickstoff, zwanzig Gramm Phosphor und zwanzig Kilojoule Energie in Form von Fett und Eiweiß liefert. Umgerechnet auf einen zweihundertfünfzig Meter langen Flussabschnitt in einem mittelmäßigen Lachsjahr wären das etwa achtzig Kilogramm Stickstoff und elf Kilogramm Phosphor, die dem Kreislauf in einem Monat beigefügt werden. Eine andere Studie zeigt auf, dass eine Sitka-Fichte, die neben einem Lachsgewässer wächst, nur sechsundachtzig Jahre benötigt, um einen Umfang von fünfzig Zentimeter zu erreichen, während derselbe Baum ohne die Zufuhr der fischigen Nährstoffe dreihundert Jahre benötigen würde.

Und genauso, wie Bäume Lachse brauchen, um kraftvoller zu gedeihen, sind die Fische auch auf die Bäume angewiesen. Jeder Pflanzenteil, ob Krone, Stamm, Blätter oder Wurzeln, hat auf alle aquatischen Lebewesen eine bereichernde Wirkung. Während Wurzeln das Flussufer stabilisieren, bieten Stamm und Blätterdach Schatten, der bei der Regulierung der Wassertemperatur hilft und somit die wertvollen Lachseier kühl hält. Umgestürzte Bäume unterbrechen die Strömung und schaffen Pools, die vor allem jungen Fischen Schutz bieten. Der stete Regen wäscht Abertausende von Insekten aus den Bäumen in den Fluss, wo sie im Magen der jungen Lachse und anderer Salmoniden enden. Solche und fast unzählige weitere Verknüpfungen spielen eine zentrale Rolle, um das Gleichgewicht in einem Ökosystem aufrechtzuerhalten.

Vor einigen Jahren baute ich mir an einer traumhaft schönen Stelle an einem Lachsgewässer mitten im Urwald eine winzig kleine Plattform, auf der ich an manchen Tagen stundenlang im Regen ausharrte. Ich

↑
Wie kam der Lachs auf den Waldboden?

→
Dieser Urwaldriese (Sitka-Fichte) bietet den idealen Nistplatz für Weißkopfseeadler.

wartete auf Regenwaldbären für den perfekten Shot, umgeben von einem Märchenwald, der noch nie von Menschenhand geschlagen wurde. Wieder und wieder tauchte Blondy, ein hübsches junges Weibchen, vor mir in den Fluss, packte sich einen Lachs und kletterte mit der zappelnden Beute an meinem Versteck, das lange keines mehr war, vorbei, um ihre Mahlzeit direkt hinter mir zu fressen. Anfangs war ich etwas nervös wegen der Distanz zu mir, die die Dame auswählte, denn die Bärin war so nahe, dass ich bei einem ihrer weiblichen Fische jedes einzelne Lachsei auf dem tiefgrünen Moos zählen konnte. Zwei, drei Fische später verstand ich, dass sie es war, die Grund zur Nervosität hatte. Sie wählte diesen Fressplatz unmittelbar neben mir aus, weil sie mich als Schild in der Gegenwart eines größeren, dominanteren Männchens benutzte. Als sie mit vollem Bauch einen Schlafplatz weit oberhalb von mir aufsuchte, schaute ich mir ihren Fressplatz näher an und fand neun halb gefressene Lachskadaver, die nun ihre wertvollen Nährstoffe dem Waldboden freigeben konnten.

Wenn ein Bär nach und nach nur noch die weiblichen Lachse an Land zieht, dann hat das einen guten Grund. Auf der einen Seite sind Bären wie wir Menschen Feinschmecker, und auf der anderen Seite spüren sie, wann es Zeit ist, ihren überlebensnotwendigen Winterspeck anzusetzen. Das tun sie mit dem Fischrogen am effizientesten, denn es sind die Eier, in denen der Großteil der Fettreserven des Lachses gespei-

chert sind. In der Natur wird jedoch nichts verschwendet. Wenn keine Insekten, Marder, Vögel oder Otter sich diese Überreste ergattern, dann nähren diese eben die Erde.

Bären sind Landschaftsgestalter. Wie Gärtner bepflanzen sie in den meisten Regionen der Erde ihren Lebensraum jedes Jahr selbst. Wenn ein Grizzly bei uns in den Rocky Mountains im Herbst seine Tatze in die Erde einer subalpinen Bergwiese schlägt, um nach den Wurzeln von Süßklee (*Hedysarum sulphurescens*) zu graben, pflanzt er nicht nur die Samen ein, die auf der Erdoberfläche liegen, sondern er lockert gleichzeitig die oberste Erdschicht und fügt so dem Boden wertvollen Sauerstoff bei. Kehrt man im Jahr darauf an dieselbe Stelle zurück, findet man dieselbe Süßkleeart, die nun wieder aus den vom Grizzly gegrabenen Löchern sprießt.

Einmal hatte ich das Glück, in den Rocky Mountains von einer Grizzlybärin derart toleriert zu werden, dass sie mir erlaubte, sie über längere Zeit auf ihrer Futtersuche durch eine Reihe von sehr weitläufigen alpinen Wiesen zu begleiten. Während dieser sieben Stunden konnte ich aus einer Distanz von zwanzig bis hundert Metern beobachten, wie die Bärin vierzehn Erdhörnchen (*Urocitellus columbianus*) ausgrub. Diese kleinen Nager, die je nach Lebensraum bis zu acht Monate im Jahr in der scheinbaren Sicherheit ihres Erdbaus Winterschlaf halten, verschwinden manchmal schon Ende August in ihren Bau.

↑
Andrea, Ara und Isha an der Stelle, wo ein Grizzly gegraben hat.

←
Wo ein Grizzlybär noch vor Kurzem ein Erdhörnchen ausgegraben hat, sitzt jetzt der Autor.

Diese Beobachtung fand spät im September statt, also zu einer Zeit, wo die meisten Erdhörnchen schon schlafen. Von den vierzehn Nagern, die Miss Bear an diesem Nachmittag ausgrub, war nur noch einer hellwach. Alle anderen waren bereits im Tiefschlaf und deshalb für die Bärin leichte Opfer. Die Hörnchen, die schon schliefen, holte sie mühelos nach ungefähr einer Minute Graben aus ihren warmen Strohnestern. Bei dem Bau, wo der Bewohner noch wach war, streckte die Bärin erst ihre Nase in eines der Erdlöcher, und dann neigte sie eines ihrer Ohren Richtung Öffnung, um sich zu versichern, dass das wohl alarmierte Tier wirklich noch in Bewegung war. Der Bau hatte, soviel ich sehen konnte, zwei Eingänge. Die Bärin fing an, mit einer ihrer beiden formidablen Vordertatzen auf einen der beiden Eingänge zu schlagen, während sie gleichzeitig den anderen, nur zwei Meter entfernt gelegenen Eingang im Auge behielt. So vergingen keine fünf Sekunden, bis sich das pelzige Opfer aus seinem so sicher geglaubten Versteck stürzte. Es kam keine Armlänge weit, bis die offensichtlich sehr erfahrene Jägerin ihre Beute zwischen den Zähnen hielt, von wo ein Entkommen aussichtslos war. Ohne innezuhalten, zerkaute sie das mit wertvollen Kalorien vollgepackte Kleintier genüsslich in zwei, drei Bissen. Ich stand so nahe am Geschehen, dass ich das Brechen der kleinen Knochen in ihrem Rachen hörte. Das einzige Überbleibsel eines erfolgreichen Jagdversuchs auf diese kleinen Nager ist jeweils der fingerlange behaarte Schwanz, den man oft am Boden neben dem aufgerissenen Erdbau findet. Da ein solches Erdhörnchen im Herbst mit ungefähr zweitausend Kalorien vollgepackt ist, kann man sich ausrechnen, dass die Dame an diesem Tag einiges zu ihrem überlebensnotwendigen Winterspeck beigetragen hat. Um diese Menge und den Bedarf an Energie von Bären zu dieser Jahreszeit besser zu verstehen, habe ich das umgerechnet. Das wären ungefähr so viele Kalorien wie zehn Tafeln Vollmilchschokolade, zehn Hamburger mit Pommes plus noch zwei Kilogramm reine Butter dazu.

↑
Grizzly mit frisch erbeutetem Erdhörnchen.

→
Mehr bleibt normalerweise bei dieser Mahlzeit nicht übrig: der Schwanz des Beutetiers.

Diese Gemetzel, die unsere Erdhörnchenkolonien hier jeden Herbst durchstehen müssen, haben jedoch auch etwas Gutes. Dort, wo Grizzlys die Erde aufwühlen, steigt durch erhöhten Stickstoff- und Sauerstoffgehalt nicht nur die Anzahl an Pflanzensamen, es nimmt auch die Pflanzenvielfalt zu, unter anderem auch die der von Erdhörnchen bevorzugten Pflanzen. Graben Bären also nach Erdhörnchen, so erhöhen sie damit die Lebensraumqualität für ihre eigenen kleinen Beutetiere, und somit ist dieses Verhältnis vielleicht auch wieder etwas ausgeglichener.

Es existieren weltweit Tausende von wissenschaftlichen Arbeiten, die dieses komplexe Zusammenspiel in der Natur dokumentieren und somit aufzeigen, wie wichtig ganzheitliche Ökosysteme sind. Doch trotz all des gesammelten Wissens treten wir unsere Lebensgrundlagen nach wie vor und immer öfter mit Füßen.

Aldo Leopold war ein amerikanischer Philosoph, Wissenschaftler und Umweltschützer. Schon vor einhundert Jahren plädierte er für mehr Respekt gegenüber der Natur. »*Wir missbrauchen unsere Naturgüter, weil wir sie als Handelsprodukte betrachten, die dem Menschen gehören. Sobald wir die Natur als Lebensgemeinschaft sehen, der wir ebenfalls angehören, werden wir sie vielleicht mit Liebe und Respekt behandeln.*« In seinem Essay *The Land Ethic* schreibt Leopold, dass wir als Mitglieder einer Kette voneinander abhängiger Komponenten der Natur gegenüber eine moralische Verantwortung haben.

Der Pazifische Hering (*Clupea pallasii*) ist eine weitere Schlüsselart, die für unzählige andere Arten vom Wal bis zum Bären von überlebenswichtiger Bedeutung ist. Im Sommer 2023 folgte ich mit einer kleinen Gruppe Freunden, inklusive meiner Partnerin Andrea, entlang der Südostküste Alaskas einer Gruppe von siebzehn Buckelwalen (*Megaptera novaeangliae*), die zu der Familie der Bartenwale gehören. Unser kleines Boot tuckerte langsam und in respektvoller Distanz den Giganten hinterher. Der große Verbund dieser Säugetiere war auf der Suche nach einer ihrer Lieblingsspeisen hier, dem Hering. Und den fanden die Wale auch. Wieder und wieder tauchten sie ab, um sich in synchronem und elegantem Beutefang ihre Bäuche zu füllen. Wie sie bei dieser Technik, die im Englischen als »Bubble Feeding« bekannt ist, als Team vorgehen, ist absolut genial. Ein oder zwei Wale umkreisen einen Schwarm der kleinen Silberfische und hinterlassen dabei aus ihren Blaslöchern ein ringförmiges Netz aus aufsteigenden Luftblasen. Während die Heringe sich in diesem Fangnetz zum Eigenschutz in einem dichten Ball zusammentun, steigen die restlichen Meeressäuger im Inneren des Blasenkreises mit offenem Rachen dicht nebeneinander Richtung Wasseroberfläche auf. Für die Beute existiert bei dieser ausgeklügelten Fangtechnik wenig Hoffnung zu entkommen.

Wir bewunderten dieses Naturspektakel des wiederholten Bubble Feeding ein Dutzend Mal, bis die Wale plötzlich wegblieben. Jemand im Boot fragte: »Wo sind sie denn hin?« Bevor einer von uns antworten konnte, explodierte das Wasser um unser kleines Schiffchen herum. Heringe, Barten und Walaugen erschienen. Wir gerieten in die Mitte des Blasenrings, obwohl wir uns seit dem letzten Auftauchen der Wale weit weg von den Giganten wähnten. Ich sank sogleich auf dem Bootsboden in die Knie, während Andreas erster Gedanke war, dass sie mit ihren Gummistiefeln nur sehr schwerfällig schwimmen könnte. Glücklicherweise kam es nicht so weit. Unser Boot wurde von den Riesen nur leicht touchiert. Als die feinfühligen Tiere die Kollision bemerkten, tauchten sie sofort wieder in ihr flüssiges Element ab. Bei jedem einzelnen Bubble-Feeding-Event, das ich jemals beobachtet habe, stoßen die klaffenden Mäuler der Wale zwei, drei Meter aus dem Wasser. Jedoch nicht bei diesem letzten Fangversuch, weil sie uns glücklicherweise so schnell bemerkt hatten.

Wir waren fassungslos, und zunächst sagte niemand ein Wort, bis diese extreme Naherfahrung vollkommen in unser Bewusstsein eingesickert war. Dann sprudelte es nur so aus uns heraus, wie jeder von uns das Geschehene auf seine Weise wahrgenommen hatte. Auch Freudentränen flossen, als wir realisierten, wie feinfühlig diese kolossalen Riesen sind. Deshalb ist es auch wenig erstaunlich, dass Wissenschaftlerinnen und Wissenschaftler inzwischen beweisen konnten, dass die Wale –

wie wir auch – spezielle Neuronen haben, die für höhere kognitive Funktionen wie Selbstbewusstsein und Mitgefühl verantwortlich sind.

Dass der Hering auch für Bären wichtig ist, hatte ich in folgendem Tagebucheintrag beschrieben:

TAGEBUCHEINTRAG, 12. MAI 1998
Südost-Alaska (unterwegs auf einem Paddeltrip mit dem Kajak)

»Der Ort, wo wir uns entschieden, unser Nachtlager zu errichten, war ebenfalls einer, der von Heringen bevorzugt wird. Bei Ebbe waren jeder Stein und jedes Stück Seetang mit den milchig-goldenen Heringseiern bedeckt. Es war schon siebzehn Uhr, als ich mich zu dem kleinen Bach nahe des Camps aufmachte. Von dort hatte man eine gute Sicht auf den Strand weiter unten. Bevor ich allerdings so weit kam, bemerkte ich einen Braunbären, der mich von der gegenüberliegenden Bachseite aus beobachtete. Der Bär sah mich, weil die kreischenden Möwen, die ebenfalls von den Heringseiern schlemmten, ihn auf mich aufmerksam gemacht hatten. So packten Steve und ich unser Lager wieder zusammen und suchten uns ein anderes, weit weg von diesem Futterplatz für Bären.«

Dieser zahlreich auftretende Beutefisch ist also nicht nur für Wale von großer Bedeutung. Delfine, Dutzende von Fischarten, Seehunde, Seelöwen, verschiedene Arten von Meeresvögeln und nicht zuletzt die indigenen Tlingit bedienen sich ebenso an diesen silbernen Megaschwärmen.

Wen wundert's, dass in den letzten Jahrzehnten zu hohe Fangquoten den Hering in gewissen Regionen zur Mangelware gemacht haben? Weiter nördlich in Alaska und in vielen Gebieten entlang der kanadischen Westküste werden Heringe schon so lange kommerziell genutzt, dass ganze Landstriche entlang dieser Küsten keinen dieser Megaschwärme mehr aufweisen. Und mit den Heringen haben sich dann auch etliche andere Arten langsam zurückgezogen.

Im Tongass kannte ich einen solchen Küstenstreifen, welcher jedes Jahr im März oder April, von der Luft aus betrachtet, über mehrere Kilometer milchig hellgrün leuchtete, weil die Heringe dann ihr Laichgeschäft verrichteten. Nachdem die weiblichen Fische ihre Eier auf Tausende von Steinen und Seealgen geklebt haben, werden die Eier durch die Milch der Männchen befruchtet. Mithilfe dieser wunderschönen Milchwolken erspähen dann Fischer oder Biologen den Ort, wo sich die Heringe aufhalten. Anhand der Größe dieser Wasserverfärbungen in Küstennähe kann man in etwa erahnen, wie gut es einer Population geht. An diesem Ort laichen heute praktisch keine Heringe mehr, und das, obschon diese Laichplätze eigentlich seit langer Zeit unverändert geblieben sind. Durch den kommerziellen Fang von Heringen wurden diesem Meeresarm jahrelang Tausende von Tonnen dieser Beutefische entnommen. Laut der staatlichen Umweltbehörde *Alaska Department of Fish & Game* habe das Verschwinden dieser höchst wertvollen Art jedoch wenig mit dem Fang zu tun. Trotzdem besteht Hoffnung: Der Fang wurde vor einigen Jahren aufgrund des fehlenden Fischvorkommens eingestellt, und nun gibt es Anzeichen dafür, dass sich die Population vielleicht wieder erholen wird.

Jeden Sommer kehren mehrere Tausend Buckelwale in die pazifischen Gewässer des Tongass National Forest zurück, um sich dort ihr Fett anzufressen. Die Tonnen von Walkot, die täglich ausgeschieden werden, haben eine essenziell wichtige Funktion im Meer. Der Kot wirkt als Dünger für Phytoplankton, welches eigentlich aus uralten, winzig kleinen Algen besteht. Diese kleinen Algen bilden schlicht die Lebensgrundlage von allem Leben im Meer. Deshalb kennt man Phytoplankton auch als eines der Superfoods. Walkot hat eine solch entscheidende Wirkung, dass diese Riesensäuger deswegen auch als Ingenieure für Meeresökosysteme gelten. Stirbt ein Wal, sinkt er oft auf den Meeresgrund, wo er für eine sehr lange Zeit unzählige Lebewesen am Leben

Buckelwale beim Fangen von Heringen.

erhält. Oft stranden die toten Kolosse auch an Land und ernähren dort dann etliche Wildtiere.

Im Sommer 2023 zählten meine Gruppe und ich immer weniger Bären und Wölfe vor unserer Hütte in den Aleuten. Trotz der ständig neu ankommenden Rotlachse im Fluss beobachteten wir am dritten Tag nur noch zwei Bären und einen Wolf. Bären bleiben während dieser Jahreszeit nicht einfach weg. Vor allem dann nicht, wenn genügend Nahrung vorhanden ist. Mir wurde klar, dass sie irgendwo etwas Interessanteres und vielleicht auch Nahrhafteres gefunden haben mussten. Am nächsten Tag erhielten wir von einem Bootskapitän die Nachricht, dass unweit vom Camp auf uns ein »National-Geographic-Moment« warte – ein gestrandeter Buckelwal, umringt von den vermissten Bären und Wölfen. Mit dem Tod eines solchen Meeresgiganten schließt sich der Kreislauf vom Hering zum Wal. Doch dieser Zyklus endet hier nicht, sondern macht neuem Leben Platz, sodass sich endlose neue Verflechtungen entwickeln können.

→
Der Kadaver eines gestrandeten Buckelwals ernährt den Rest der Tierwelt wochenlang.

↓
Beim Vertilgen von solch wertvollem Fleisch zeigt sich die Rangordnung unter den Bären.

TAGEBUCHEINTRAG, 10. AUGUST 2023
Aleuten, Alaska

»… wir näherten uns dem Haufen Walspeck aus ungefähr zwei Kilometer Entfernung, erst entlang des Strands, und als wir näher kamen, durch die Küstenwiesen, wo wir uns besser verstecken konnten. Schlussendlich waren wir noch circa sechzig Meter von dem Meeressäuger, den es vor wenigen Tagen angespült haben muss, entfernt. Genau während der Tage, als sich die Bären und Wölfe vor unserem Camp merklich verflüchtigten. Die vier Kilometer Distanz vom Camp zum Kadaver sind für eine Bärennase gleich nebenan. Fünf Bären und zwei Wölfe waren an und auf der Tierleiche. Einige weitere Bären, hauptsächlich ausgewachsene Männchen, entdeckten wir in einem Umkreis von mehreren Hundert Metern. Sie waren allesamt am Ruhen, vermutlich die Wampen gefüllt mit Walfett. Ein unglaubliches Privileg, eine solch seltene Beobachtung machen zu können!«

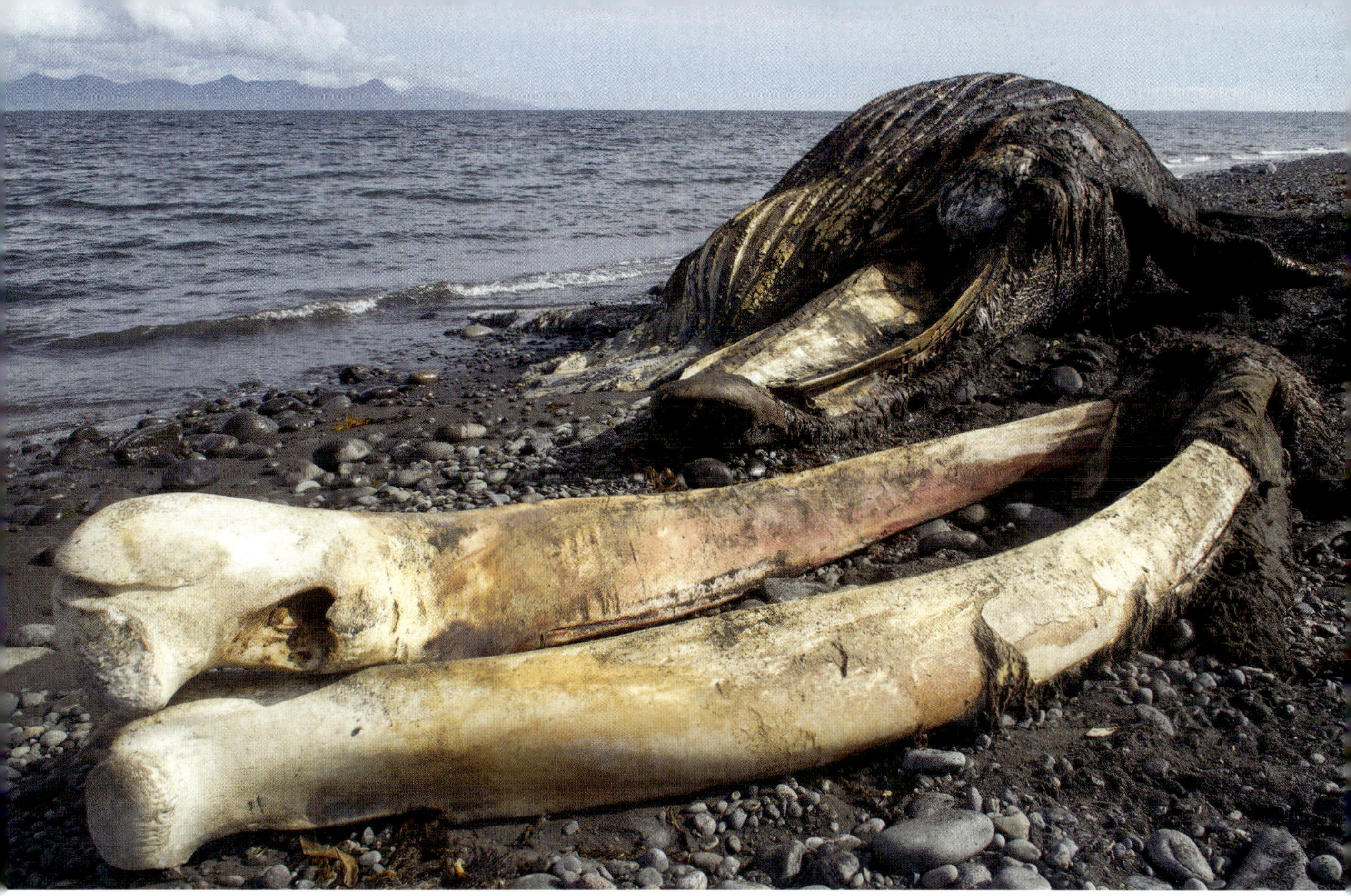

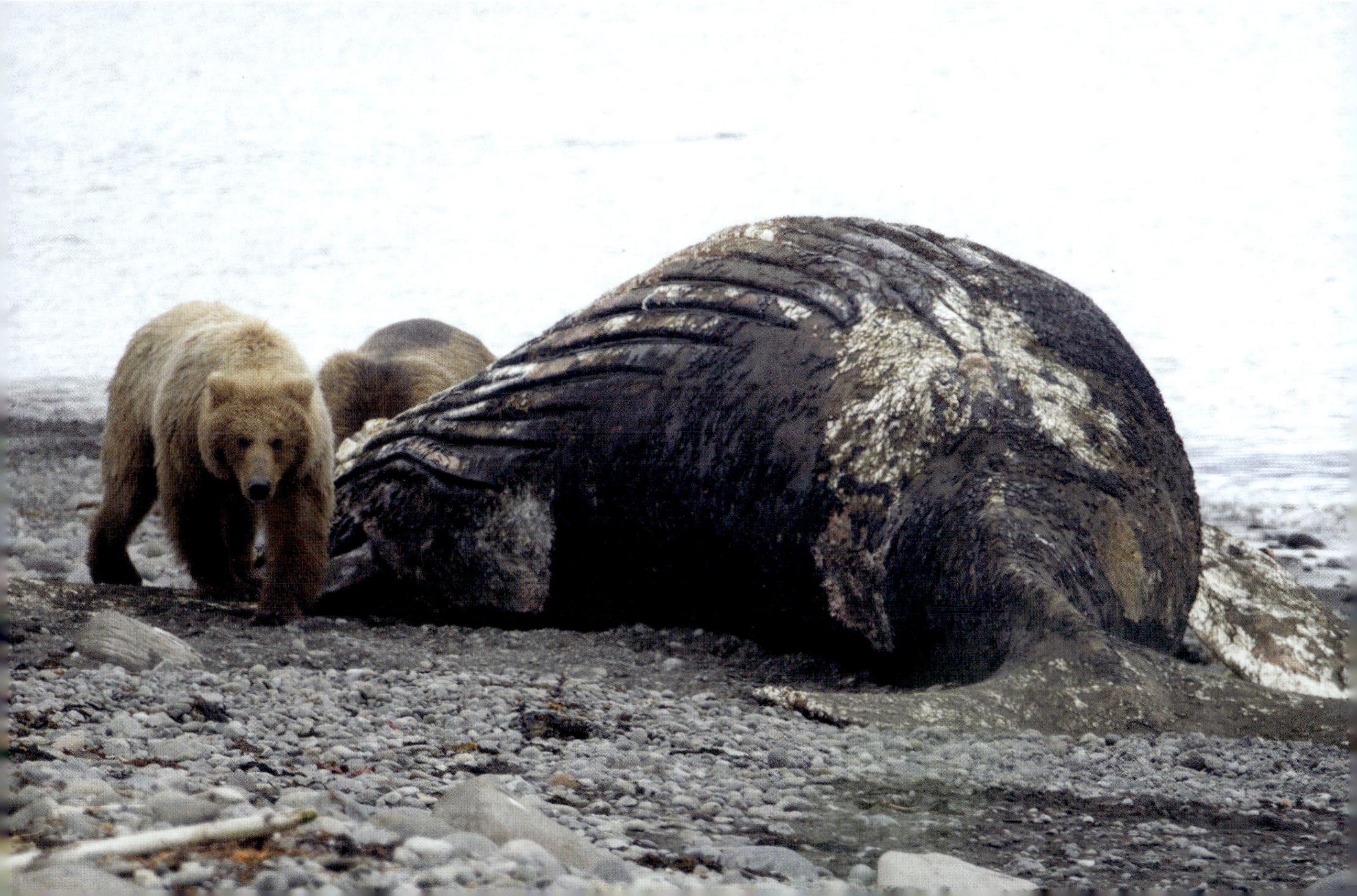

LÖWENZAHNSALAT MIT GEHACKTEM EI UND GERÖSTETEN PINIENKERNEN

FÜR 4 PERSONEN

100 g Pinienkerne (*Pinus* sp.)
4 Eier
200 g Löwenzahnblätter (*Taraxacum officinale*)
1 EL Sonnenblumenöl
1 EL Walnussöl
1 EL Balsamicoessig
1 Prise Meersalz
4 Löwenzahnblüten

Die Pinienkerne in einer Pfanne trocken anrösten, dann abkühlen lassen. Die Eier etwa 9 Minuten hart kochen, dann abkühlen lassen, schälen und grob hacken.

Die Löwenzahnblätter, die gehackten Eier und die gerösteten Pinienkerne mit dem Öl, dem Essig und dem Salz vermischen. Die gelben Zungenblüten von den Löwenzahnblüten zupfen und über den Salat streuen.

Orange = keine Bärennahrung
Schwarz = Bärennahrung

Zusammen mit einem Stück frisch gebackenem Sauerteigbrot ergibt der Salat ein wunderbar leichtes und trotzdem energiereiches Mittagessen.

Varianten
Den Löwenzahn durch Rucola ersetzen.
Anstelle von Pinienkernen kann man auch andere Nüsse verwenden. Durch das Rösten wird das Aroma viel intensiver.

Bärennahrung
Bären fressen Vogeleier, wenn sie die Nester im Frühling ausfindig machen können. Von Hühnereiern lassen sie lieber die Pfoten, sonst bekommen sie möglicherweise Probleme mit den Besitzern der Hühner. Doch zum Glück existieren heute sehr gut funktionierende Elektrozäune!

Bären fressen für ihr Leben gerne Walnüsse, Sonnenblumenkerne und andere Nüsse aufgrund des hohen Fettanteils. Es stimmt, beides – Walnussöl und Balsamico – stehen nicht direkt auf dem Speiseplan von Bären, doch weil Bären Walnüsse und wilde sowie angebaute Trauben fressen, zähle ich beides zur Bärennahrung. Sind jedoch Kerne, wie etwa Sonnenblumenkerne, Teil von Vogelnahrung an einem Futterplatz, sollte man Bären keinen Zugang gewähren. Bei uns im Nationalpark sind Vogelhäuschen im Sommer, wenn die Bären wach sind, nicht erlaubt, damit man die Petze nicht anlockt.

FISCHE RÄUCHERN

Es ist Mitte September. Ich bin seit gestern wieder hier im Südosten Alaskas, wo ich 2021 mit dem Schweizer Fernsehen SRF den Dokumentarfilm »Rückkehr nach Alaska« gedreht habe. Zusammen mit meinem Gepäck und sechs Silberlachsen, denn heute ist Räuchertag, hat mich mein Freund Uriah aus dem nahe gelegenen Dorf am Strand vor der Hütte abgeladen. Der Namen des Dorfes bleibt unerwähnt, so wollen es die wenigen Menschen, die hier wohnen. Diesen Wunsch, von der etwas verrückten zivilisierten Welt unentdeckt zu bleiben, möchte ich respektieren, genauso wie wir das auch in dem Dokumentarfilm getan haben.

Es gibt wenige Orte auf unserem wunderbaren Planeten, an die ich auch mehr als fünfunddreißig Jahre nach meinem ersten Besuch immer noch regelmäßig zurückkehre. Bei vielen anderen Lokalitäten ist bei mir »die Luft raus«, nachdem die Menschen mehr und mehr dem Land und den Tieren ihren Stempel aufgedrückt haben. Die Natur und die Tierwelt, die auch dort einst lebendig und im Gleichgewicht waren, sind jetzt an vielen Orten arg reduziert. An Stränden, die früher ausschließlich den Bären und Wölfen gehörten, sieht man jetzt statt Bärenabdrücken Reifen- und Stiefelspuren. Gelegentlich wagt sich doch noch ein Bär an die Küste, doch das ist selten geworden.

→
Bären und andere Wildtiere werden immer mehr durch Tourismus gestört.

↓
Chocolate mit zwei Jungen.

↓
Eine solche Dichte an Bären ist nur dort möglich, wo das Nahrungsangebot reichhaltig ist – wie hier auf der Halbinsel Kamtschatka im Fernen Osten Russlands.

Ist jemand jedoch zum ersten Mal an einem solchen Ort auf Exkursion, erscheint auf den ersten Blick alles sehr naturnah und gesund. Die Wälder sind ja noch hier, das Habitat, soviel man erkennen kann, noch intakt, und den einen oder anderen Bären sieht man auch. Alles in Ordnung, oder? Doch manchmal fragt man sich vielleicht, wie es hier vor fünf, zwanzig oder fünfzig Jahren ausgesehen hat. Wie würde dieses Ökosystem ohne oder mit ausgewogenem menschlichem Zugang aussehen? Dass Wildtierbestände je nach Nahrungsangebot und anderen Faktoren stetig in Bewegung sind, ist klar. Wie viele Bären, Lachse, Kraniche oder Schmetterlinge sollte es geben? Meistens fehlen uns dabei die Ausgangswerte. Oder sie werden, falls diese existieren, ignoriert. Wir Menschen haben die Tendenz, die meisten Situationen ziemlich schnell als normal zu betrachten. Teilweise wurde uns das wohl aus

TAGEBUCHEINTRAG, 10. JUNI 2015
Lake-Clark-Nationalpark, Alaska

»Shy mit ihren zwei Zweijährigen kehrte heute zurück. Andrea und ihre drei Jungen sind immer noch vor Ort, und ein neues, mir unbekanntes Weibchen, ebenfalls in Begleitung von zwei Jungen im zweiten Jahr, ist auch anwesend. Und gerade eben entzückte mich auch Chocolate mit ihrem Anhang, denn ich habe sie zwei Tage nicht gesehen. Wunderbar, sie wiederzusehen ... ich war schon etwas besorgt. Ich verbrachte heute meinen ganzen Tag draußen unter den Bären. Ein umwerfend schöner Tag! Zudem konnte ich im Watt zwei Wölfe beobachten.«

FISCHE RÄUCHERN

Eigenschutz in die Wiege gelegt. In Kriegsregionen zum Beispiel nimmt man die Gefahr eines Angriffs nach einiger Zeit nicht mehr so intensiv wahr wie zu Anfang.

Einer der »bärigsten« Orte, den zu besuchen ich je das Privileg hatte, liegt am Rand des Lake-Clark-Nationalparks in Alaska. Der Tagebucheintrag auf Seite 91 hinterlässt einen guten Eindruck von diesem reichhaltigen Ökosystem.

Das besagte Stück Land ist Privatbesitz, und vor Kurzem hat der langjährige Besitzer und Freund dieses Bärengebiet verkauft. Nicht an irgendjemanden oder an den Meistbietenden (wobei ich den Verkaufspreis nicht kenne), sondern an einen Biologen, der, was den Umweltschutz angeht, schon einiges getan hat. Der neue Besitzer, geben wir ihm den Namen Bill, fragte mich um Rat, wie er denn dieses Grundstück am besten unterhalten solle, um den Bären nicht zu sehr auf den Pranken zu stehen. Seine Anfrage, seine Ideen und Pläne zu begutachten, kam für mich nicht aus dem Nichts. Ich habe dort in der Vergangenheit fast zehn Jahre lang Projekte initiiert und Touren geführt und kenne deshalb diesen ökologisch sehr wichtigen Flecken Wildnis und das Verhalten sowie die Bedürfnisse der Bären gut.

Die Jungen lernen viel von der Mutter.

Doch um das Ganze richtig schildern zu können, müssen wir noch etwas weiter zurück in die Vergangenheit. Richard, der vorherige Besitzer dieses Landstücks lebte hier jedes Jahr für mehrere Monate in einer kleinen, bescheidenen Hütte. Über viele Jahre war er hier allein mit den Bären, und so wollte er es auch. Dann kreuzten sich unsere Wege um die Jahrtausendwende. Ich fragte Richard damals, ob er etwas dagegen hätte, wenn ich auf seinem Land die eine oder andere Bärentour durchführen würde, gegen Bezahlung, versteht sich. Wir wurden uns bald einig. Keiner von uns beiden wollte reich werden an den Bären. Deshalb beschlossen wir, dass meine Gruppen mit maximal fünf Personen klein bleiben und wir jeweils den Bären den Vortritt lassen würden. Wir etablierten also schon vor der ersten Tour Spielregeln, die vor allem für die fragile Flora und für die Bären funktionieren sollten und erst in zweiter Linie für uns Zweibeiner. In den ersten paar Jahren funktionierte diese Beziehung zwischen uns und den Bären wunderbar. Das Vertrauen auf beiden Seiten war groß und gefestigt. Dann jedoch bekam Richard mit, dass hier finanziell mehr drin war. So erhöhte er nicht nur meine Monatsmiete um hundert Prozent, sondern baute zwei weitere Hütten. Das war dann der Zeitpunkt für mich, um von diesem Ort Abschied zu nehmen, denn ich wollte mit diesem Wachstum nichts zu tun haben.

Jahre später verkaufte Richard also dann diesen Flecken Paradies an den Biologen Bill. Als dieser mich nach meinem Gutachten fragte, wie er auf dem neu erworbenen Grundstück weiterverfahren sollte, antwortete ich ihm direkt und ohne Umschweife. Ich riet Bill, den momentanen Fußabdruck der drei existierenden Hütten auf dem Areal beizubehalten und auf keinen Fall zu expandieren und noch mehr zu wollen.

↓
Respektiert man Bären, kann man dasselbe von ihnen erwarten.

→
Diese Hütte steht seit zwanzig Jahren, und noch nie ist ein Bär eingedrungen.

FISCHE RÄUCHERN **95**

So würde er die Bären dieser Region am meisten respektieren und gleichzeitig genügend Einkünfte generieren. Das passte jedoch ganz und gar nicht in seine Pläne, die drei zusätzliche Hütten vorsahen, alle entlang der aktuell noch unberührten Waldgrenze auf diesem Stück Land. Bill, der im vorherigen Sommer zum ersten Mal diese Gegend besucht und noch nie zuvor mit Bären zu tun gehabt hatte, sagte, dass er nicht sehe, warum es ein Problem darstellen solle, mehr Hütten zu bauen. Es gebe ja genug Bären. Auf eine solch simple Anschauungsweise eines Biologen, der die Zusammenhänge besser verstehen sollte, war ich nicht vorbereitet gewesen. Ich fragte ihn, warum er glaube, dass die momentane Situation, die er in dieser Bucht antreffe, normal oder gesund sei, was die Bärendichte angehe. Er könne die Gesundheit der Bärenpopulation nicht anhand von aktuellen Bildern beurteilen, auch nicht als Biologe. Doch Bill machte denselben Fehler, den viele andere auch machen. Er normalisierte die gegebene Situation, ohne jemals zurückzuschauen und sich zu fragen, wie denn die Ausgangswerte gewesen waren oder was aufgrund von Lebensraum und dessen Qualität normal wäre. Vor allem aber bewertete er diese Naturoase nicht nach ihren ökologischen Werten, die er gar nicht kannte, sondern er schaute erst auf seine ökonomischen Ziele und schuf sich dementsprechend seine Pläne. So kann ein harmonisches Zusammensein nie

↑
Das Vorkommen dieser Kranichart ist eine der großen Erfolgsgeschichten im Artenschutz Nordamerikas.

←
Jahre, bevor dieses Bild gemacht wurde, sah man an diesem Strand auf Kamtschatka keine Menschen, aber umso mehr Bären.

und nimmer funktionieren. Die Reservierungen, die ich bei Bill gemacht hatte, um einige Wochen unter den Bären zu verbringen, annullierte ich nach unserem Gespräch mit den Worten, dass diese Welt für mich zu gierig geworden sei. Und damit meinte ich nicht nur die vierfache Preissteigerung, die der gute Mann als Miete verlangte.

Wieder zurück zum Tongass National Forest, wo ich meine Silberlachse räuchern will. Ruhe findet man hier nach wie vor. Unten am Strand sitzt ein Weißkopfseeadler, der wohl einen angespülten und ausgelaichten Lachs frisst. Gleich daneben kreischen Sturmmöwen (*Larus canus*). Vor wenigen Minuten sind Hunderte von Kanadakranichen (*Grus canadensis*) mit ihren eleganten langen Hälsen und den irdenen Farbtönen, begleitet von ihrem fast wehmütigen Trompeten, über die Hütte Richtung Süden gezogen. Etwas früher hörte man laut blasende Buckelwale, die am Strand vor der Hütte auf der Suche nach Heringen und Krill vorbeizogen. Und Bären gibt's hier natürlich auch. Heute Morgen während eines ersten Spaziergangs auf der Suche nach Eierschwämmen (die ich auch fand) konnte ich zwei Petze unten beim nahe gelegenen Fluss beobachten. Es waren Küstenbraunbären, die sich hier von Gräsern, Beeren, Lachsen und anderen Meerestieren ernähren.

Umgeben von diesem idyllischen Naturparadies, werde ich heute meine Silberlachse räuchern. Dafür habe ich gestern zwei kleine Erlen gefällt. Erlenholz eignet sich sehr gut dazu, da es weich und feucht ist und den Fisch nicht mit einem zu starken Geruch übertüncht.

FISCHE RÄUCHERN

Die filetierten, fast rot gefärbten Lachsstücke werden mit einer Zucker-Salz-Mischung einige Stunden gebeizt. Dann wäscht man die Restbeize ab und trocknet die Fischstücke ungefähr nochmals gleich lang, bis sich eine leichte Haut über ihnen bildet.

Die meisten Menschen räuchern heute ihren Fisch mit Strom, das heißt mit einem elektrischen Fischräucherofen. Würde ich öfter einen Teil meiner Nahrung mit Rauch konservieren, würde auch ich vielleicht diese bequemere Methode wählen. Auch ist ein solches elektrisches Gerät natürlich sicherer als offenes Feuer, denn Hunderte von Räucherhäuschen und infolgedessen oft auch die danebenstehenden Wohnhäuser wurden schon von den Flammen eines Räucherofens in Kohle verwandelt. Ich bleibe jedoch vorerst beim altbewährten manuellen Räuchern, auch wenn es ziemlich arbeitsintensiv ist und viel Geduld erfordert. Sobald die Feuerbox unter dem Räucherhäuschen mit glühender Kohle bereit ist, wird obendrauf das grüne Erlenholz mitsamt den grünen Blättern gepackt. Das grüne Holz muss man möglichst luftdicht schichten, sodass wenig Sauerstoff zur Kohle durchdringt. So entsteht der Rauch wie gewünscht. Lässt man das grüne Material oben zu stark austrocknen, kann es einfach entflammen, was verhindert werden sollte, damit die Temperatur im Ofen nicht zu stark ansteigt und der wertvolle Fisch auch geräuchert und nicht gekocht wird. So verbringt man Stunde um Stunde, ohne sich groß ablenken zu können. Beim letzten Mal verbrachte ich volle zwölf Stunden mit dem Räucherprozess, länger als je zuvor. Doch das Endresultat war, wie jedes Mal, die Geduld wert. Vor allem dann, wenn man seinen Lachs in einer solch wunderschönen Naturlandschaft fast meditativ räuchern kann.

→
Lachs räuchern ist eine uralte Technik, diesen für den späteren Verzehr zu konservieren.

↓
Diese nährreichen Seggen enthalten im Frühling ungefähr zwanzig Prozent Protein.

Ganz selten kommt es vor, dass sich ein hungriger Bär, angelockt vom wohlriechenden Rauch, über diesen garenden Vorrat hermacht. Stimmt die Nahrungsgrundlage der Bären, haben diese keinerlei Interesse an anthropogener Nahrung jeglicher Art. Es ergibt auch keinen Sinn, denn Bären haben sich über Millionen von Jahren ihrem Lebensraum und ihren Nahrungsmitteln wie Lachs, Beeren oder Wurzeln perfekt angepasst. Normalerweise hat also ein Bär kein Interesse an Donuts, Keksen und auch nicht an geräuchertem Fisch, denn Fisch schmeckt ihm roh am besten. Deshalb sind es dann auch meist eher junge Bären, die der Versuchung, menschlichen Gerüchen nachzuspüren, nicht widerstehen können. Wenn das geschieht, dann in einem Jahr, wo die Büsche zu wenig Früchte produzieren oder die Lachse nur in geringer Anzahl erscheinen.

TAGEBUCHEINTRAG, 20. SEPTEMBER 2023
Tongass National Forest, Alaska

»Im strömenden Regen entfernte ich endlich die Feuerkammer unter dem Räucherhaus. Ich entnahm dem Häuschen nach zwölf unerwartet langen Stunden, während derer ich mich ununterbrochen um den wertvollen Fisch kümmerte, die drei Gitter voll mit frisch geräucherten Silberlachsstücken. Einige davon sind nach wie vor weich, was ich nicht verstehe. Unterschiedlicher Fisch? Größere Stücke? Kältere Außentemperatur? Nur Erle statt zusätzlich Zedernspäne wie beim letzten Mal? Wie auch immer, ich bin froh, dass es geschafft ist. Jetzt brauche ich ein Bad, weil ich ebenfalls wie ein geräucherter Fisch rieche!«

GERÄUCHERTER SILBERLACHS

FÜR 8 GANZE SILBERLACHSE

8 Silberlachse (*Oncorhynchus kisutch*)
4 kg brauner Zucker
1 kg grobkörniges Meersalz
Erlenholz (*Alnus rubra* oder *Alnus viridis* ssp. *sinuata*, beide können verwendet werden)
Zedernspäne

Die Lachse filetieren und jedes Filet in fünf etwa gleich große Stücke schneiden.

Den Zucker gründlich mit dem Salz vermischen. Die Lachsstücke eng nebeneinander und aufeinander in einem Behälter 1 cm dick mit der Mischung belegen und 5–6 Stunden in einem Kühlschrank beizen lassen.

Orange = keine Bärennahrung
Schwarz = Bärennahrung

Danach jedes Fischstück unter kaltem Wasser abwaschen und zum Trocknen auf Räuchergitter legen. Die Stücke müssen so lange liegen bleiben, bis sich auf ihnen eine leichte Haut bildet. In Alaska, wo ich normalerweise meinen Fisch räuchere, habe ich keinen Kühlschrank, deshalb lagere ich den Fisch in einer Hütte, die ich jedoch für den Tag nicht aufheize, sodass sie ziemlich kühl bleibt. Ich lasse den Lachs über Nacht mehrere Stunden ruhen.

Frühmorgens entfache ich in der Räucherbox ein Feuer und lasse es abbrennen, bis ich nur noch Kohle habe. Dort legt man dann die frischen, grünen Erlenstücke und deren Äste mit Blättern drauf, sodass durch das feuchte Material viel Rauch entsteht. Nun werden die Räuchergitter mit dem Fisch in das Räucherhaus gestellt und die Feuerbox unter dem Fisch platziert. Der Fisch wird über die nächsten 6–11 Stunden kalt geräuchert, das heißt, dass die Temperatur im Haus 30 Grad nicht übersteigen sollte. Ich habe allerdings noch nie die Temperatur gemessen, sondern eher nach Gefühl gearbeitet.

Man muss ungefähr alle 15–20 Minuten Grünholz nachgeben und sich ständig versichern, dass das Holz nicht zu sehr austrocknet und entflammt, was für den Fisch viel zu warm wäre und möglicherweise auch das Räucherhaus niederbrennen könnte. Es wäre klug, einen Eimer Wasser bereitzuhalten, um ein solches Missgeschick zu vermeiden. Man kann das Holz auch ab und zu, wenn es in der Feuerbox zu trocken wird, mit etwas Wasser benetzen. Unbedingt während des ganzen Prozesses zwei-, dreimal die Gitter wenden, sodass alle Stücke gleichmäßig gegart werden.

Varianten
Statt des braunen Zuckers, der keine Bärennahrung ist, könnte man eine Salz-Honig-Mischung herstellen.

Bärennahrung
Zum Thema Bären und Lachse wird in diesem Buch wohl alles Wissenswerte gesagt.
Erlenholz steht zwar nicht auf dem Speiseplan von Bären, die kleinen Zäpfchen der Erle jedoch schon.

GEFÄHRLICHE BÄREN

Sie kam aus dem Nichts und spurtete mit ihrem letztjährigen Jungen im Schlepptau mitten in die Lagune, wo die frisch ankommenden Lachse überall in den seichten Stellen das Wasser aufspritzen ließen. Die scheinbar sehr nervöse Bärenmama jagte jedoch nicht den lebendigen Lachsen nach, sondern wie ein Typ auf dem Schulhof, der auf Ärger aus ist, crashte sie in Richtung der anderen beiden Bären, um ihnen ihre soeben gefangenen Lachse streitig zu machen.

Wenn etwas mit solcher Wucht auf einen zuspringt, macht man sich besser aus dem Staub, oder? Das hätten wir auch gerne getan, als die Bärin uns in den hüfthohen Erlen, die einzige baumähnliche Vegetation hier in den abgelegenen Aleuten, erspähte. Doch es war zu spät. Eine Minute zuvor, als ich die aufgeregte Bärendame bemerkt hatte, hoffte ich, dass sie uns oder vielmehr wir ihr nicht in die Quere kommen würden. Denn bei diesem nervösen Verhalten, das sie an den Tag legte, war ein Zwischenfall abzusehen. Ich kann an einer Hand abzählen, wie oft ich in den letzten siebenunddreißig Jahren solcherart gestimmte Bären vor mir hatte. Doch genau wegen solcher Begegnungen, egal, wie selten sie sind, ist es gut, wenn man die Erfahrung hat, wie man mit einer derart wehrhaften und misstrauischen Bärin umgehen muss. Sie kam aus ungefähr sechzig Metern Entfernung durch die Feuchtwiese

↑
Die großen Männchen sind selten ein Problem. Hintertatze eines mächtigen Burschen.

←
Hier kommt die Dame mit ihrem Jungen im Schlepptau angebraust.
(Foto von Christian Mettler. Der Autor hatte seine Hände voll!)

angerast und war von Tausenden von Wasserperlen umgeben. Die stattliche Bärin näherte sich uns viel zu schnell, als dass wir an Rückzug hätten denken können, was bei einer Scheinattacke sowieso nie empfohlen wird. »Face the bear and stand your ground«, ist in einem solchen Moment angesagt, was schwieriger klingt, als man sich das vielleicht vorstellt, denn die Situation ist normalerweise in Sekundenschnelle vorbei. Meist bleibt gar keine Zeit, groß zu reagieren. Und auch nicht die Zeit für eine falsche Reaktion!

Damit wir für die Bären nicht zu imposant wirken, sitzen oder knien wir normalerweise, während wir sie beobachten. Ich versuche auf diesen Touren immer, unseren Einfluss auf die Natur und auf das Verhalten der Tiere auf ein Minimum zu reduzieren. Doch in diesem Fall und sobald ich realisierte, dass ein Vorfall unausweichlich war, gab ich allen die Anweisung, sofort aufzustehen. Mit meinem noch gesicherten Pfefferspray in der rechten Hand machte ich einen Schritt in Richtung der heranstürmenden Mutter. »Don't do that!«, rief ich ihr mit fester Stimme entgegen. Sie kam unablässig und wie ein Güterzug geradewegs bis auf ungefähr zwanzig Meter an uns heran, wendete sich jedoch leicht ab, als sie merkte, dass wir nicht weichen würden, und rannte, ohne ihr Tempo zu drosseln, schnaubend an uns vorbei, bis sie vom Erlendickicht hinter uns verschlungen wurde. In unsere Gruppe war Stille eingekehrt. Eine solche Begegnung muss man erst einmal verdauen. Als ich dann etwas später fragte, ob jemand nervös gewesen war, sagten alle: »Nein, du warst ja da!« Dass meine Knie unter mir fast schlappgemacht hätten, mussten sie ja nicht wissen.

Im Laufe der vielen Jahre unter Bären in den weltweit dichtesten Populationen waren solche Begegnungen für mich extrem selten. Nach Tausenden von Begegnungen und Hunderttausenden von Stunden unter Braun- und Grizzlybären habe ich bisher inklusive der hier erwähnten Scheinattacke nur neun »Bluff Charges« erlebt, vier davon in den letzten zwei Jahren auf den Aleuten. Was bei dieser Scheinattacke anders war und mich deshalb danach noch lange beschäftigte, war, dass es keine Nahbegegnung war. Die Bärin hatte unendlich viel Platz, um uns aus dem Weg zu gehen. Es ist mir ein großes Anliegen, die Verhaltensmuster unter verschiedenen Umständen zu verstehen, denn je besser ich die »Sprache« der Bären kenne, desto harmonischer wird meine Beziehung zu ihnen. Geht es um die Sicherheit von Bär und Mensch, ist die richtige Interpretation ihres Verhaltens ein wichtiger Faktor.

Ich kam zu dem Schluss, dass es sich hier nicht nur um wehrhaftes Verhalten handelte, weil die Bärenpopulation im äußersten Westen Alaskas schon lange von Trophäenjägern bejagt wird. Obschon die Bejagung eindeutig eine große Wirkung auf das Verhalten von Bären während Begegnungen mit uns hat, spielten in diesem Fall auch noch andere Einflüsse mit. Auf der einen Seite sind es die weiten, offenen, baumlosen Flächen dieser arktischen Region, die den Tieren wenig Schutz bieten, sodass diese deshalb öfter in den Verteidigungsmodus schalten als in Regionen mit höher gewachsener Vegetation. Sehr wahrscheinlich spielt auch die Abgeschiedenheit dieser Region, in der die Braunbären nie oder nur ganz selten Menschen zu Gesicht bekommen, eine Rolle. Als Resultat sind diese intelligenten Tiere unsicher, wie sie mit uns umgehen sollen.

Ein junger männlicher Teenager, der seine Grenzen testet.

Die Gründe eines solchen Verhaltens sind also oft um einiges komplexer, als uns das vielleicht lieb wäre. Im Fall dieser nervösen Bärin spielte sicher auch ihr anscheinend tyrannischer Charakter eine Rolle.

Die Jagd auf Bären ist jedoch meiner Meinung nach hauptverantwortlich für dieses wehrhafte Verhalten. Wen wundert es, dass Bären ab und zu auf diese Weise auf unsere Gegenwart reagieren? Wir geben ihnen wenig Grund, uns zu vertrauen. In vielen Gebieten sind Bären heute komplett verschwunden, weil wir in einer schier blinden Wut, uns alles Wilde untertan zu machen, alle Bären und etliche andere Großraubtiere getötet haben.

Wir Zweibeiner flüchten oder wehren uns, wenn wir angegriffen werden, genau wie Bären das eben auch tun. Deshalb plädiere ich schon lange gegen eine Jagd auf Bären. Vor allem gegen eine Trophäenjagd, bei der es eher um das Erhaschen eines äußerst fragwürdigen Statussymbols geht und die moralisch nicht vertretbar ist. Der Verzicht auf die Bärenjagd betrifft auch die eigene Sicherheit, denn ein bejagter Bär kann gefährlicher sein als ein nicht bejagtes Tier, das Menschen gegenüber Vertrauen aufbauen konnte. Was einen Bären, vor allem einen Grizzly oder einen Braunbären, potenziell gefährlich macht, ist sein wehrhaftes Verhalten. Weil sich diese Tiere vor sehr langer Zeit in einem baumlosen, prärieähnlichen Lebensraum entwickelten, wählen sie als Verteidigung manchmal den Angriff, vor allem dann, wenn man sie auf kurze Distanz überrascht.

Jüngere männliche Bären testen manchmal uns Menschen gegenüber gerne ihre Grenzen aus, ähnlich wie das auch jüngere zweibeinige Burschen tun. Dabei handelt es sich fast ausschließlich um nur halbwegs ernsthafte Täuschungsmanöver, die einfach zu durchschauen sind.

TAGEBUCHEINTRAG, 11. JUNI 2015
Lake-Clark-Nationalpark, Alaska

»Das subadulte Männchen hat heute einen zweiten und dritten Kurz-Scheinangriff gestartet. Es war Zeit, ihm seine Grenzen aufzuzeigen, also rannte ich unmittelbar nach seinem Bluff ein paar Meter in seine Richtung und teilte ihm währenddessen mit entschlossener Stimme mit, was ich davon hielt. Er rannte ungefähr vierzig Meter weg und fing dann wieder an zu grasen, anscheinend ohne gekränkt zu sein.«

↑
Nach seinem dritten Scheinangriff rannte ich auf diesen jungen Burschen zu, um ihm seine Grenzen aufzuzeigen. Er wiederholte dieses Verhalten kein weiteres Mal.

In ganz seltenen Fällen wie diesem ist es wichtig, einem Bären mit einem solchen Manöver seine Grenzen aufzuzeigen. So kommt es mit anderen, vielleicht weniger erfahrenen Besucherinnen und Besuchern nicht zu einem Zwischenfall, denn ein anderes Verhalten als das oben geschilderte könnte unter Umständen eine vehementere bärenseitige Reaktion auslösen. Es funktionierte auch diesmal, denn der Bär verhielt sich nicht noch einmal so.

Solche wehrhaften Muster verschwinden bei Bären, die sich an Menschen gewöhnt haben, mit der Zeit meist fast gänzlich. Ein bejagter Bär wird dieses Verteidigungsverhalten allerdings aus offensichtlichen Gründen aufrechterhalten. Denn wer will schon getötet werden?

Bei vielen Populationen von Braunbären hat sich dieses Muster allerdings in den vergangenen Jahrhunderten angepasst. Das heißt, dass zum Beispiel die Braunbären, die an der Westküste Nordamerikas in den gemäßigten Regenwäldern leben, nur äußerst selten solche Scheinattacken ausführen. Auch wenn sie, wie entlang der Küste Alaskas, nach wie vor bejagt werden. Das ist auf der einen Seite so, weil ihnen eine reichhaltige Nahrungsgrundlage zur Verfügung steht und auf der anderen Seite, weil sie den Großteil ihres Lebens in dichten Wäldern verbringen. Daher suchen sie lieber den Schutz des Waldes, als einen Angriff zu starten, der mit einer Verletzung enden könnte.

Oft habe ich Gespräche mit Leuten, die einen habituierten Bären mit einem zahmen, nicht mehr wilden Tier vergleichen. Habituierung heißt, dass sich der Bär an den Menschen gewöhnt hat, dass er gelernt hat, diesem zu vertrauen und möglicherweise Nutzen aus der Nähe zu ihm zu ziehen. Der Bär ist nach wie vor genauso wild wie vor der Gewöhnung an uns. Dieses Vertrauen kann sich in Bezug auf die Gefahr, die für uns Zweibeiner von Bären ausgeht, natürlich positiv auswirken, einfach dadurch, dass das wehrhafte Verhalten der Bären stark reduziert wird.

Oft verwechseln Menschen, inklusive jener, die mit Bären arbeiten, Habituierung mit »Food Conditioning« (wenn sich ein Bär an anthropogene Nahrung gewöhnt). Diese beiden Begriffe haben jedoch eine ganz unterschiedliche Bedeutung. Es kann sein, dass sich ein Bär, wenn er sich an Menschen gewöhnt hat, sich in der Folge auch an unsere Nahrung gewöhnt, jedoch nur dann, wenn diese auch für Bären erreichbar ist. In Gebieten, wo Bären regelmäßig zu erwarten sind, liegt es in unserer Verantwortung, Bären und anderen Wildtieren diese anthropogenen Lockmittel nicht zugänglich zu machen. Das ist heute mithilfe unserer Technologie, wie zum Beispiel durch Elektrozäune, einfach getan.

Ich war vor einigen Jahren mit einer kleinen Gruppe Bären- und Naturfans unterwegs. Wir charterten ein Wasserflugzeug und ließen uns auf einer der großen, von Braunbären bewohnten Inseln am Strand eines Sees absetzen. Nach dem Transport der Ausrüstung in die nahe gelegene Blockhütte erkundeten wir in Gummistiefeln die Region.

Einer der Regenwaldpfade, die uns zur Verfügung standen, schlängelte sich dem Lachsfluss entlang, der dem See entsprang. Der Weg war an gewissen Stellen kaum als solcher zu erkennen. Die Kothaufen und die Haare an den Baumrinden deuteten eher auf einen Wildwechselpfad hin, der wohl überwiegend von Bären begangen wurde.

Es war ein recht warmer und trockener Sommer. Der Regenwald war weniger üppig, als das hier normalerweise der Fall ist, und der Fluss

↓
Diese Küstenbärin im Tongass-Regenwald verschwand im Unterholz, obwohl ich sie und ihre Jungen überrascht hatte.

→
Elektrozäune funktionieren wunderbar, um Bären fernzuhalten.

GEFÄHRLICHE BÄREN

führte an gewissen Stellen kaum genug Wasser, um Lachsen genügend Platz zum Laichen zu bieten. Ich weiß nicht mehr genau, ob unser Aufenthalt zeitlich zu früh geplant war oder ob sich die Lachse in diesem Jahr einfach nicht einfanden, jedenfalls konnten wir die Lachse, die wir in den wenigen Becken vorfanden, an zwei Händen abzählen.

Wir marschierten weiter und weiter flussabwärts, immer auf der Suche nach Bewegung im Dunkel des Waldes. Unser Pfad wurde immer kümmerlicher, sodass ich an einer Weggabelung nicht sicher war, welchem Arm wir folgen sollten. Zur besseren Übersicht kletterte ich auf eine uralte, schon lange überwucherte Uferböschung, während die anderen, vertieft im Gespräch, unten auf mich warteten. Als ich oben auf der kleinen Anhöhe ankam, vernahm ich ein kräftiges, tiefes Grollen.

Mein Blick erfasste in ungefähr dreißig Metern Entfernung im Halbdunkel der Baumriesen einen großen männlichen Bären, der geradewegs und mit unheimlichem Tempo auf mich zurannte. In solchen Situationen hat man nur Zeit für instinktives Handeln. Es ist unheimlich wichtig, dass der Bär bei einem solchen Überraschungsszenario versteht, wer sich ihm nähert. Der Bär hatte wohl geschlafen, und ich musste ihn ziemlich ruppig und unerwartet aus seinen Lachsträumen geweckt haben. Vor allem große Männchen stürmen manchmal in solchen Situationen instinktiv Richtung Geräusch los, bevor sie wissen, worum es sich handelt. Mit ausgestreckten, hin und her fuchtelnden Armen rief ich dem Bären zu: »Hey, it's me, don't worry, I am getting out of here!« Sobald meine Worte das Tier erreichten, war es, als ob es gegen einen harten Gegenstand prallte. Der Bär wendete sich ab und verschwand blitzschnell im Unterholz. Ich stieg mit wackeligen Beinen wieder herunter zu meiner Gruppe, die keine Ahnung hatte, was sich einen Stein-

←
Ein schlafender Schwarzbär.

→
Derselbe Bär, nun wach.

GEFÄHRLICHE BÄREN

wurf entfernt von ihnen gerade abgespielt hatte. Erst als wir uns etwas von diesem Ort zurück Richtung Hütte entfernt hatten, erzählte ich meinen Leuten, was vorgefallen war.

Bei dieser Scheinattacke handelte es sich um die einzige von mir bisher erlebte, bei der ich unwissend einen schlafenden Bären geweckt hatte. Das Sprichwort: »Wecke niemals einen schlafenden Bären« hat also seine Richtigkeit.

Folgender Tagebucheintrag beschreibt eine Konfrontation zwischen zwei großen Männchen. Diese Begegnung fand im Juni während der Paarungszeit statt und deutet auf das intensive Dominanzverhalten hin, das vor allem während dieser Jahreszeit zu beobachten ist.

TAGEBUCHEINTRAG, 8. JUNI 2012
Lake-Clark-Nationalpark, Alaska

»Der größere der beiden männlichen Braunbären wartete in einem kleinen Einschnitt an der Waldgrenze auf seinen Verfolger und stellte sich diesem. Nach einem anfänglichen Herantasten hievten sich die beiden Prachtkerle auf ihre Hintertatzen und hieben unter Angriffsgebrüll mit einer unheimlichen Wucht aufeinander ein. Der Kampf war intensiv, aber von kurzer Dauer. Darauf folgten wenige Sekunden »jawing«, bei dem sich beide Tiere mit offenem Rachen eine Handbreit voneinander getrennt gegenseitig anknurrten. Der Verlierer stand dann mit gesenktem Kopf bewegungslos da. Der etwas größere Sieger ging im Cowboy-Shuffle (einem sehr breitbeinigen Gang, der Dominanz signalisiert) ein paar Schritte weg und zeigte dabei dem Kontrahenten seinen Hintern, ebenfalls ein Zeichen seiner Dominanz und gleichzeitig ein Test für den Verlierer. Dieser wagte nicht, sich zu rühren und wohl auch nicht zu atmen. Der Gewinner drehte sich noch einmal und stolzierte dann hautnah an den unterwürfigen Gegenspieler heran, um ihm zu sagen: ›Versuch nicht noch einmal, mich herauszufordern.‹ Dann schlurfte der Kerl zum zwanzig Meter entfernten Kratzbaum, stellte sich auf seine Hinterbeine, um seine Macht so aufgerichtet ein letztes Mal deutlich zu demonstrieren.«

Beobachtet man das Verhalten von Bären untereinander, kann man viel darüber lernen, wie wir uns während Begegnungen mit diesen Tieren benehmen sollten, denn sehr oft verhalten sich Bären uns gegenüber ähnlich wie unter Artgenossen. Bären sind intelligent. Sie haben ähnliche Gedankengänge wie wir Menschen. Die nächste Begebenheit, die ich wiederum mit einer kleinen Gruppe auf dem Festland Alaskas

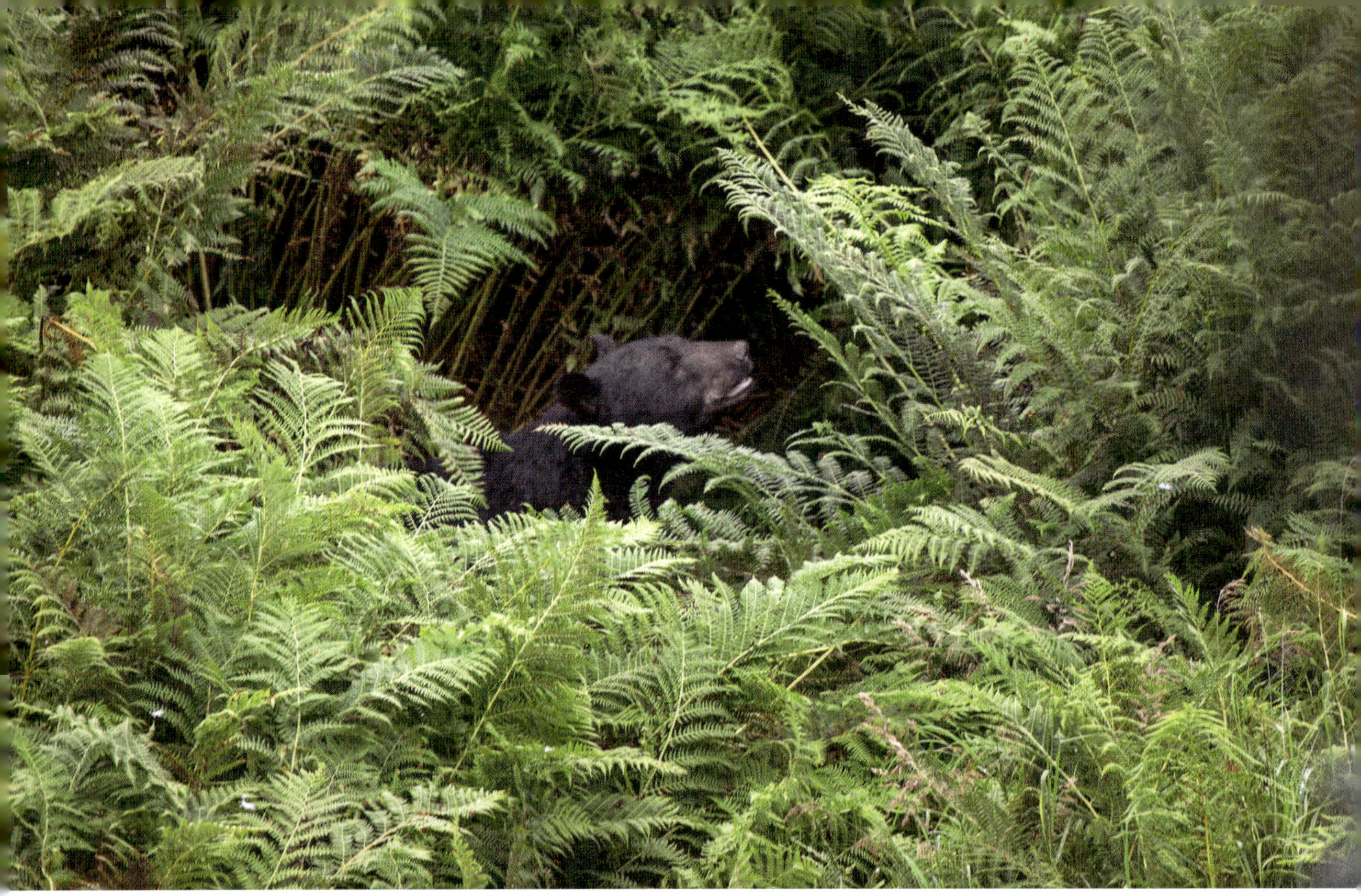

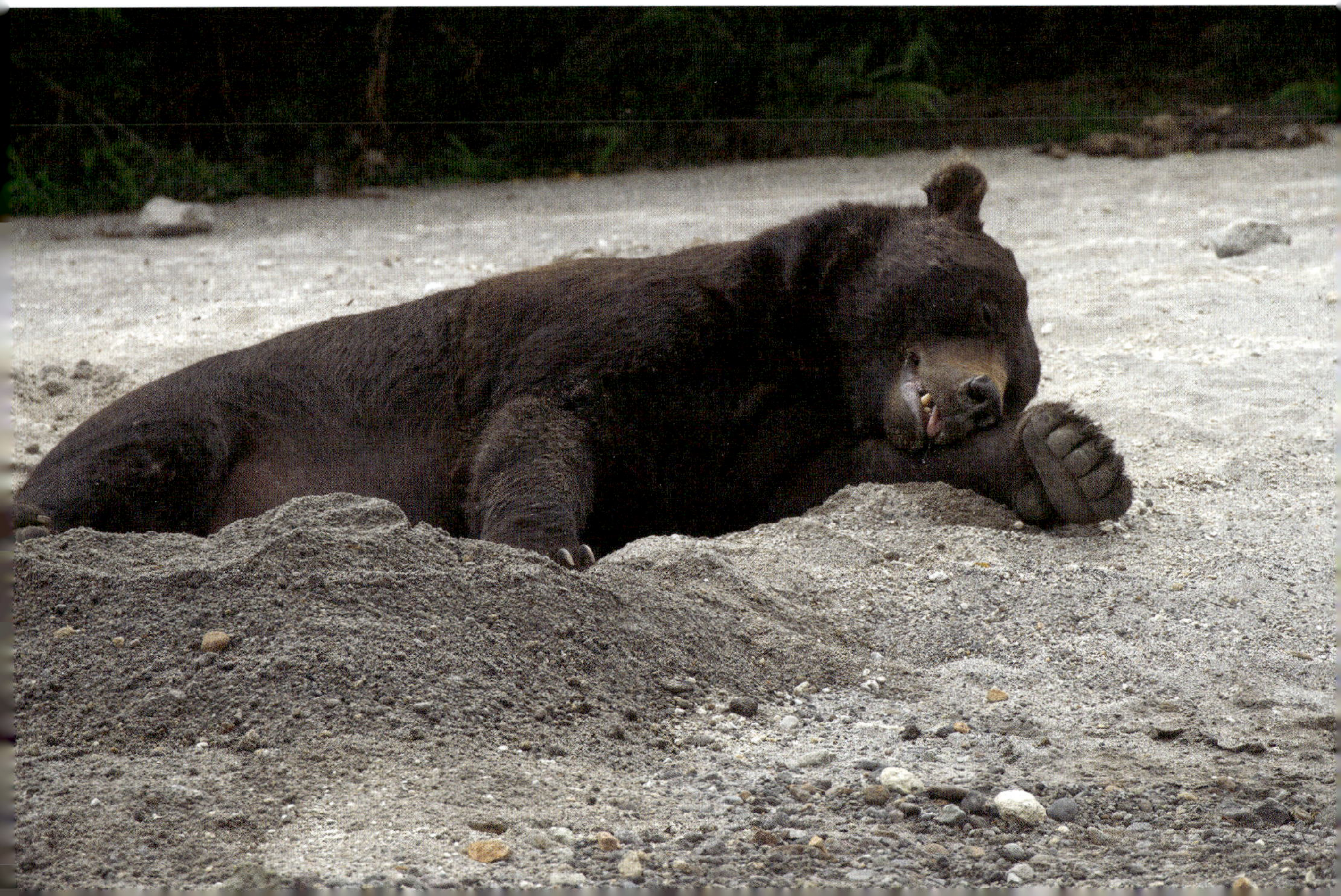

erlebte, entlang einer Reihe von weitläufigen Küstenwiesen, macht das ebenfalls deutlich.

Es war schon spät im Sommer, und die Seggen, die diese Wiesen bewuchsen, waren hoch genug, um Bären Verstecke zu bieten. Mitten in diesen Wiesen stand eine einzelne mächtige Sitka-Fichte mit wunderbar dicken, moosbewachsenen Ästen. Ein perfekter Kletterbaum, um sich einen besseren Überblick über das Gelände zu verschaffen. Als ich einige Meter über dem Boden mit meiner rechten Hand den nächsten Ast ergriff, fühlte ich eine warme, matschige Masse auf dem dicken Moos. Wenig später entdeckte ich die Quelle – ich hatte in Stachelschweinkot gegriffen. Das Stachelschwein selbst kauerte auf demselben Ast in zwei Metern Entfernung von mir. Als ich hinunterschaute, um meinen Leuten die frohe Botschaft zu übermitteln, stockte mein Atem. Unmittelbar neben ihnen, im mannshohen Farn, saß einer der fettesten Schwarzbären, die ich je gesehen hatte. Ich machte ein Foto des Bären, kletterte dann schnell wieder von meiner Stachelschweinburg hinunter und wies meine Gruppe mit dem Zeigefinger auf meinen Lippen lautlos an, mir zu folgen. Als wir uns genügend von dem Riesenfarn entfernt hatten, zeigte ich den anderen das Bild des versteckten Bären. Ihr könnt euch die großen Augen vorstellen, die sie alle machten. Ein schlauer Bär, der genau wusste, wo er sich wie verstecken konnte, um nicht gefunden zu werden. Dass ich nun auch mit Stachelschweinen zusammenarbeitete, konnte er ja kaum wissen.

↑
Der große Schwarzbär, von einer hohen Fichte aus abgelichtet.

←
Bären graben oft Mulden, um zu schlafen. Vor allem an warmen Tagen hilft die frische Erde, das Tier von unten zu kühlen.

GEFÄHRLICHE BÄREN

DISTELRAHMSUPPE MIT HUNDSZAHNKNOLLEN, WILDZWIEBELN UND SONNENBLUMENKERNEN

FÜR 4 PERSONEN

6 Kratzdistelstängel mit Blättern (*Cirsium vulgare*), nur die Blätter
2 l Wasser
100 ml Vollrahm (Sahne)
4 Prisen Meersalz
100 g Sonnenblumenkerne
1 Bund wilder Schnittlauch
20 Großblütige Hundszahn-knollen (*Erythronium grandiflorum*)
Butter

Orange = keine Bärennahrung
Schwarz = Bärennahrung

Mit dicken Handschuhen (!) zuerst die Blumenkrone der Disteln oben wegschneiden, dann den etwa einen Meter langen Distelstängel unten auf Bodenhöhe mit einem Messer abschneiden. Die Blätter von unten nach oben vom Stiel abstreifen und in einem großen Topf mit kochendem Wasser 10–15 Minuten kochen, dann in Eiswasser schockkühlen, um die schöne grüne Farbe zu erhalten.

GEFÄHRLICHE BÄREN

Die gegarten Blätter mit einem Pürierstab oder in der Küchenmaschine mit dem Wasser, dem Rahm und dem Salz pürieren. Abschmecken, dann in einem Topf erhitzen und etwa 30 Minuten köcheln. Durch ein Sieb passieren und zurück in den Topf geben. Bis zum Servieren warm halten.

Die Sonnenblumenkerne in einer Pfanne ohne Fett anrösten. Den Wildschnittlauch hacken.

Die Hundszahnknollen gründlich waschen und die Haut entfernen. In Wasser etwa 4 Minuten kochen oder dämpfen. In wenig Butter schwenken.

Die Suppe mit den gerösteten Sonnenblumenkernen und dem Schnittlauch garnieren. Die Hundszahnknollen separat dazureichen.

Varianten
Es existieren überall auf der Welt verschiedene Arten von Disteln. Mir ist keine bekannt, die nicht essbar ist. Man kann eigentlich auch jeden Teil der Pflanze essen, doch manche Disteln haben so viele Stacheln, dass es sich nicht unbedingt lohnt oder zumindest etwas Mut erfordert.
Da Disteln und Artischocken miteinander verwandt sind, könnte man Disteln durch Artischocken ersetzen. Bei gewissen Distelarten können übrigens auch die jungen Blüten ähnlich wie Artischocken verwendet werden.

Anstelle der Sonnenblumenkerne könnte man auch Pinienkerne verwenden.

Bärennahrung
Außer der Butter und dem Rahm kann alles hier als Bärennahrung betrachtet werden.
Bären lieben Sonnenblumenkerne, doch sie sind nicht Teil ihrer natürlichen Nahrung. Wir haben unseren Waisen-Jungbären damals in Russland als Muttermilchersatz Sonnenblumenkerne gefüttert. Wenn wir ihnen jedoch gleichzeitig die heimischen Pinienkerne offerierten, bevorzugten sie immer die Pinienkerne.

Dass man in Bärengebieten Vögel nicht füttern sollte, wurde schon auf Seite 87 thematisiert.

NÜSSE, EIER UND LÖWENZAHN

↑
Buck, konzentriert am Fressen von Pinienkernen. Pflanzliches Fett findet man in der Natur nur selten.

→
Buck hatte eine sehr träumerische Seite.

Süd-Kamtschatka, im Fernen Osten von Russland. Charlie und ich saßen auf der weichen, von den ersten Kälteschüben verfärbten Tundra und plauderten. Es war schon spät im September. Einige Meter vor uns kauten vier unserer überlebenden Jungbären Pinienkerne. Zwei Wochen zuvor hatten wir beschlossen, dass wir mit den Jungen nur noch zu zweit unterwegs sein würden, weil wir zu diesem Zeitpunkt Wilder, einen unserer fünf Waisenbären, an einen großen männlichen Bären verloren hatten. Kannibalismus unter Bären existiert und ist gerade in dichteren Populationen nichts Außergewöhnliches. Vor allem bei Nahrungsknappheit haben die großen Bären manchmal gar keine andere Wahl, denn um zu überleben, müssen diese Burschen einiges mehr an Energie hereinholen als ihre kleineren Artgenossen.

Buck, der Bruder von Sky, lag nahe bei mir und war mit einem der zahlreichen, jedoch noch teilweise grünen Pinienzapfen beschäftigt. Die drei anderen, Sky, Gena und Shena, widmeten sich dem Ansammeln von Fettpolstern nahe einer Gruppe von Zwergpinien wenige Meter links von uns. Es war eine absolut idyllische und friedliche Stimmung. Bis sie kippte. Es war wohl mein Instinkt, der mich dazu bewegte, aufzustehen und an Buck vorbeizulaufen, sodass ich um die Piniensträucher, die uns die Sicht verwehrten, spähen konnte.

Meine Reaktion, als ich dann freie Sicht hatte, war wohl ebenso intuitiv, und sie überrascht mich heute noch, wenn ich an diesen Moment zurückdenke. Meine neue Perspektive zeigte mir denselben Bären, der schon Wilder auf dem Gewissen hatte, in nur etwa fünfzig Meter Entfernung. In hohem Tempo war er in gerader Linie Richtung Buck unterwegs. Ich nutzte meine Vorwärtsbewegung, schaltete, ohne innezuhalten, zwei Gänge hoch und rannte schreiend geradewegs auf den Angreifer los. Es vergingen drei, vier Sekunden, und alles war wieder ruhig. Mit Ausnahme der vier Waisen, die unmittelbar nach meinem Anfall wuffend und panisch in die entgegengesetzte Richtung flüchteten. Als der Störenfried mich erblickt hatte, schien es, als ob er mit einer unsichtbaren Wand kollidieren würde. Der Bär wendete sich ab und verschwand schneller, als er gekommen war, wieder hinter den Büschen. Charlie stand etwas konsterniert da, war aber natürlich sehr dankbar, dass ich die Gefahr gespürt hatte. Hätte mich mein Instinkt damals im Stich gelassen, wäre wohl auch Buck im Magen dieses Kannibalen gelandet. Wir hatten danach an diesem Morgen genug erlebt und führten unsere vier Schützlinge ohne Umwege wieder nach Hause, in die Sicherheit des Elektrozauns, der unsere Hütte umgab.

Buck war so sehr mit den leckeren und fettreichen Nüssen beschäftigt gewesen, dass er die Gefahr nicht bemerkt hatte. Obschon er nicht der Wachsamste der Jungen war, ist sein Verhalten angesichts dieser köstlichen kleinen Nüsse mit ihren bis zu fünfzig Prozent Fettgehalt vielleicht verständlich.

Wollen Bären für die lange Winterruhe ihre Fettreserven vergrößern, muss Fett her. Dieses Fett kommt entweder von Tieren oder von

NÜSSE, EIER UND LÖWENZAHN

Pflanzen. Pflanzenfett ist fast nur in Samen und Nüssen zu finden, deshalb sind vor allem Pinienkerne, die zum Beispiel auch in einem guten Pesto unentbehrlich sind, für Bären von entscheidender Bedeutung. In anderen Gebieten der Erde, wo Pinien vorkommen, wachsen die Zapfen weit oben in den Baumkronen. Braunbären klettern nicht gerne auf hohe Bäume, vor allem dann nicht, wenn sie die Nahrung mühselig sammeln müssen. Nicht, weil sie es nicht könnten, sondern weil es nicht effizient genug ist. Nein, in solchen Fällen warten Bären, bis die Zapfen entweder reif sind und von allein auf den Erdboden plumpsen oder die Ernte von anderen eingebracht wird. Zum Beispiel von den fleißigen Eichhörnchen. Denn diese lagern die Kerne tausendfach unterirdisch für den Winterschmaus. Da lohnt es sich für einen Bären, eine solch lukrative Vorratskammer zu plündern.

Fett ist natürlich in der Natur auch in tierischer Form vorhanden. In gewissen Gebieten, wo Nüsse Mangelware sind, wie zum Beispiel bei uns in den kanadischen Rocky Mountains, sind solche tierischen Fette, wie sie unsere Grizzlys manchmal in Form von Vogeleiern finden, von fundamentaler Bedeutung.

→
Grizzly #148 mit einem gestohlenen Gänseei.

↓
Grizzlybärendame #148 hat die Überreste eines Wolfsrisses gefunden.

»Bear #148« war eine junge Grizzlybärendame, die bei uns im Banff-Nationalpark lebte, bis sie vom *Alberta Department of Fish & Wildlife* über die Grenze nach British Columbia verbannt wurde, obschon sie sich uns Zweibeinern gegenüber nie aggressiv verhalten hatte. Ihr Fehler war, dass sie sich zu oft im Talboden in der Nähe von uns Menschen aufhielt. Sie wählte dieses Streifgebiet aus, weil sie hier wenig bis gar keine Konkurrenz von anderen Bären zu befürchten hatte. Sie bezahlte den größtmöglichen Preis für ihr intelligentes Verhalten – wenig später war sie tot. Als Resultat der Verbannung wurde sie von einem egoma-

nischen Trophäenjäger außerhalb des Nationalparks leichte Beute. Ihr Vertrauen in den Menschen (Habituierung) wurde ihr leider zum Verhängnis, obschon genau durch dieses Verhalten das Zusammenleben von Bären mit uns Zweibeinern um ein Vielfaches einfacher wird. Doch das ist eine andere Story für ein anderes Kapitel.

Diese Bärin tauchte jedes Jahr im Frühling im Feuchtgebiet der Vermilion Lakes, gleich außerhalb von Banff, auf. Sie lernte, dass sich dort in diesen Sümpfen viele Vogelarten ihrem Brutgeschäft widmeten. Sie watete für Tage durch das ufernahe Schilf, mit ihrer Nase stetig auf der Suche nach Anzeichen von Gelegen. Vor allem die Nester der Kanadagänse interessierten sie, denn in diese legen die Muttertiere zwischen fünf und zehn Eier, die ungefähr zweimal so groß wie diejenigen eines Huhns und mit wertvollem Fett und Eiweiß vollgepackt sind. Ein Gänseei hat etwa viermal mehr Kalorien als ein Hühnerei, inklusive verschiedener anderer Nährstoffe und Vitamine. Da versteht man, warum Bären so vernarrt in diesen Schnellimbiss sind. Zudem findet die Brutzeit im Frühling während einer Jahreszeit statt, wo der Großteil des Lebensraums für ein Tier, das vor Kurzem mehrere Monate Winterschlaf gehalten hat, wenig hergibt.

Doch Vogeleier sind nicht nur bei kanadischen Bären sehr begehrt. Auch in Russland werden diese Kalorienbomben geschätzt. Varia war wohl die Kleinste und Zaghafteste von unseren elf Schützlingen in der Ussurischen Taiga – alles junge Bärenwaisen, die ihre Mütter durch Wilderer verloren hatten – und diejenige, die am wenigsten Selbst-

NÜSSE, EIER UND LÖWENZAHN

vertrauen an den Tag legte. Nach wenigen Monaten Rehabilitierung schenkten Sergey Kolchin, ein russischer Biologenfreund, und ich diesen Raufbolden wieder ihre Freiheit. Ein weiteres Projekt, das mich wohl bis an mein Lebensende erfüllen wird… und hoffentlich auch die in die Freiheit entlassenen Waisen. Es wurde in den meist feuchtheißen subtropischen Urwäldern des Sichote-Alin-Gebirges im Fernen Osten Russlands durchgeführt. In einer Wildnis, wo die mächtigen Braunbären von einem noch größeren Raubtier beherrscht – oder vielleicht besser: dominiert – werden: dem Amurtiger.

Auf einer unserer Expeditionen mit den Jungen in ein neues Gebiet entdeckte Varia ein Vogelnest, das mehrere Eier enthielt. Miss Piggy, die Dominanteste, wenn es ums Essen ging, daher ihr Name, war blitzschnell zur Stelle. Doch Varia, die wie gesagt normalerweise eher zurückhaltend und schüchtern auf die anderen reagierte, war nicht wiederzuerkennen. Als Miss Piggy ihre Nase in das Nest steckte, war es mit der Freundschaft und der Ruhe vorbei. Varia packte die um einiges größere und molligere Kollegin am Hals und schüttelte sie laut schreiend, mit einer Intensität und Aggressivität, die ich nicht für möglich gehalten hätte, bis beide von dem Baumstamm, auf dem der Kampf stattfand, auf den Waldboden kullerten. Doch auch der Sturz brachte keine Entscheidung. Erst als sich Miss Piggy allmählich aus ihrer misslichen Lage lösen konnte, ließ die erzürnte Varia von ihr ab. Schnell war sie zurück bei ihrer Beute und verschlang, nach wie vor mit einem lauten und wehrhaften Klagen, die restlichen Eier. Diese Geschichte illustriert sehr gut, wie wichtig diese Kalorien- und Kalziumbomben für Bären sind.

Die Taiga-Wälder Russlands bilden heute auf dem Planeten das letzte Rückzugsgebiet des Amurtigers, der größten Raubkatze seit dem Säbelzahntiger. Ich werde den Tag, an dem ich zum ersten Mal vor einem fast tellergroßen Fußabdruck einer solchen Großkatze stand, nie vergessen. Erst glotzte ich einfach nur lange, bis mir meine innere

↑
Im Frühling, nach der langen Winterruhe ohne Nahrung, sind Vogeleier für Bären Gold wert.

→
Miss Piggy zeigte immer großes Selbstvertrauen.

Suchmaschine die gefundenen Informationen über das, was mein Auge da erfasste, übermittelte. Wahnsinn, dachte ich. Da muss man das Tier gar nicht zu Gesicht bekommen, um es zu achten oder sich seiner Kraft bewusst zu sein.

TAGEBUCHEINTRAG, 26. MAI 2013
Provinz Chabarowsk, Russland

»Ungefähr 1,5 Kilometer stromaufwärts habe ich zwei weitere Birken gefunden, die scheinbar für Tiger und andere Wildtiere von Bedeutung sind. Ich habe bei dem einen prominenteren Baum eine weitere Wildtierkamera angebracht. Der unverwechselbare Geruch eines Markierbaums eines Tigers ist eindeutig, angenehm penetrant und äh, ja katzenartig … und erdig-süß … es ist ein unbeschreibliches Gefühl, diese Wälder, die von Amba (Name der eingeborenen Udege für den Tiger) bewohnt sind, zu durchwandern. Ich verspüre große Ehrfurcht, wenn ich mir der beispiellosen Kraft und List dieser Riesenkatze, die hier so selten einen von uns packt, bewusst werde.«

2013 lernte ich den bekannten, sehr charismatischen russischen Biologen Vasily kennen. Damals, im gehobenen Alter, erzählte mir Vasily, dass er in seiner Karriere als Umweltinspektor ungefähr zweihundert Wilderer überführt hatte. Ich fragte ihn, was sich denn ändern müsste, um der Wilderei und dem Raubbau an Hartholzbäumen wie der Mongolischen Eiche Einhalt zu gebieten. Seine Antwort hielt ich im Tagebuch fest:

TAGEBUCHEINTRAG, 20. SEPTEMBER 2013
Chabarowsk, Russland

»Konversation mit Vasily. Er sagte, alles muss sich ändern, das ganze System. Putins Kopf muss rollen. Und dann sagte er: Die Taiga ohne Tiger ist wie leidenschaftliche Liebe ohne Küssen.«

Eine unserer Aufgaben in diesem Sommer war es, unseren Waisenkindern auf täglichen Wanderungen durch die Taiga nicht nur ihren neuen Lebensraum zu zeigen, sondern sie auch vor potenziellen Gefahren wie Tigern zu beschützen. Nur ein einziges Mal kam es zu einer solchen Gefahrensituation. In diesem Halbdschungel sieht man nicht weit. Oft waren die Jungen nur wenige Meter von uns entfernt, und trotzdem waren sie in diesem Dickicht unsichtbar. Solche Tage vergingen manchmal, als wäre man tief in einer Meditation versunken. Oft fragte ich mich dann, was wir eigentlich zehn Stunden lang im Wald getan hatten. Mal waren entweder Sergey oder ich mit den Bärenjungen unterwegs, selten beide zusammen, weil es im Camp genug ande-

→
Bärenwaise Varia schlemmt Wildtrauben.

←
Vier der verwaisten Asiatischen Schwarzbären auf Erkundungstour.

124 NÜSSE, EIER UND LÖWENZAHN

res zu tun gab. Ähnlich wie bei den ersten Spaziergängen mit unseren Menschenkindern kommt man anfangs nicht vom Fleck. An manchen Tagen beobachteten wir stundenlang stehend oder sitzend, wie die Raufbolde spielten, schliefen oder in den Baumkronen von stämmigen Mongolischen Eichen oder Wildkirschen herumtollten.

Als ich an einem solch gemächlichen Tag mit den Jungbären unterwegs war und sie im Unterholz vor mir nach Ameisenkolonien suchten, unterbrachen plötzlich alle ihre Futtersuche. Die Stille war hörbar. Zwei Sekunden später schien der Erdboden zu explodieren, und alle vier Bären »rannten« im Eiltempo den nächstgelegenen Baum empor, von dem sie dann minutenlang und offenbar nervös ihre Umgebung überwachten. Ich sah den Tiger nicht. Ob die Jungen ihn gesehen, gerochen oder gehört haben, weiß ich nicht, doch nach wenigen Minuten stiegen sie von ihrem Hochsitz wieder hinunter, um die Nahrungssuche fortzuführen. Dieses Verhalten war wohl Sergey zu verdanken, der die großartige Idee hatte, die Jungen wieder und wieder zu Markierbäumen der Tiger hinzuführen, um sie so gut wie möglich auf Begegnungen mit diesen Großkatzen vorzubereiten.

Auf einer anderen Wanderung mit den Bärenjungen durch diese dichten Laubmischwälder hörten wir den Notruf eines Raubvogels. Wohl angelockt von diesen Rufen und vielleicht auch vom Geruch, machte sich Miss Piggy auf in Richtung Nest, das wir kurze Zeit später mithilfe der Bärin hoch oben in einer Baumkrone erspähten. Asiatische Schwarzbären, die am häufigsten vorkommende Bärenart in diesen Wäldern, sind hervorragende Kletterkünstler, weil viel von ihrer Nahrung, wie Früchte,

Knospen oder Nüsse, in Bäumen gedeiht und sie auch dort am meisten Sicherheit vor Gefahren wie dem am Boden lauernden Tiger finden. Miss Piggy machte keine Umwege und kletterte zielgerichtet den breiten Stamm hoch in Richtung der kreischenden Jungvögel. Als sie nur noch eine Körperlänge unter der Nestumrandung am Baum hing, griff einer der erwachsenen Raubvögel aus dem Nichts an.

Ich war mir erst nicht sicher, um welche Vogelart es sich handelte, doch die extreme Wendigkeit, die der Vogel in diesem dichten Laubwald demonstrierte, half, den Luftkünstler als Habicht (*Accipiter gentilis*) zu identifizieren. Wieder und wieder streifte der Greifvogel mit einer wahnsinnigen Geschwindigkeit den Rücken von Miss Piggy. Sie verharrte, unsicher an der Baumrinde hängend, hoch über dem Waldboden, bis sie sich nach zwei weiteren Luftangriffen zum Rückzug entschloss und bald wieder unten ankam. Ähnlich wie damals, als die Jungen auf einer anderen Wanderung auf eine giftige Viper trafen, sind solche Lektionen Gold wert, denn sie helfen den Jungen, Risiken besser einschätzen zu können und so länger zu überleben.

←
Zwei der Waisenjungen am Tigermarkierbaum.

→
Miss Piggy versuchte, dieses Habichtsnest zu plündern.

Neben Vogeleiern ist auch ein einfaches Heilkraut, das in der nördlichen Hemisphäre wächst, von großer Bedeutung für die Bären. Die Rede ist von Löwenzahn. Manche Menschen verbringen ziemlich viel Zeit damit, Löwenzahn (*Taraxacum officinale*) aus ihrem Garten zu verbannen. Mit Bunsenbrennern, Lötlampen, Spaten, Unkrautstechern, Rasenmähern und Gift bewaffnet, mühen sie sich jahrelang, um dieses Unkraut, das ähnlich wie Bären zu Unrecht einen schlechten Ruf hat, auszumerzen. Und das, obwohl man aus den gerösteten Wurzeln einen passablen Kaffeeersatz brauen kann, die jungen Blätter sich wunderbar als Salat eignen, die Blüten einen Pancake vergolden und man aus den Blüten sogar einen köstlichen Wein herstellen kann.

Der Löwenzahn (die gezackten Blätter haben ihm diesen Namen verliehen) gilt allerdings auf dem nordamerikanischen Kontinent als ein nichtheimisches Gewächs. Löwenzahn wurde von den ersten Europäern in die USA eingeführt. Trotzdem ist diese Pflanze heute in den USA und in Kanada eines der wichtigsten Frühlingskräuter für die Schwarz- und die Grizzlybären. Viele der Bären hier in den Rockies fressen fast ausschließlich Löwenzahn, bis anderes nachreift. Das fasziniert mich, denn ich frage mich, was die Bären wohl vor dem Löwenzahn gefressen haben.

OMELETTE AUS ENTENEIERN MIT BRENNNESSELSPINAT UND GEDÄMPFTEN WEIDERÖSCHENSPROSSEN

FÜR 4 PERSONEN

32 Weideröschensprossen (*Epilobium angustifolium*)
4 Prisen Meersalz
Wasser
Butter
½ Zwiebel
60 g Brennnesselblätter (*Urtica dioica*)
1 EL Sonnenblumenöl
6 Enteneier
12 Pracht-Himbeerblüten (*Rubus spectabilis*)

Orange = keine Bärennahrung
Schwarz = Bärennahrung

Die Weideröschensprossen mit etwas Salz, einem kleinen Spritzer Wasser und wenig Butter 2–3 Minuten dämpfen.

Die Zwiebel fein hacken und zusammen mit den Brennnesselblättern, dem Öl und wenig Salz in einer kleinen Pfanne 4 Minuten sautieren.

Die Eier mit einer Gabel verquirlen, mit 1 Prise Salz würzen und zum Nesselspinat dazugeben. Alles gut miteinander vermischen und mit aufgelegtem Deckel zu einer Omelette ausbacken. Mit den gedämpften Weideröschensprossen und den Pracht-Himbeerblüten garniert servieren.

Varianten
Statt Brennnesseln kann man Spinatblätter verwenden.
Die Weideröschen können durch grünen Spargel ersetzt werden.
Die Himbeerblüten können durch Rosenblüten, Erdbeerblüten, Veilchen oder irgendeine andere essbare Blüte ersetzt werden.
Übrigens: Die Eier habe ich nicht von Wildenten gestohlen! Die Enten gibt's auch domestiziert. Wenn man keine Eier von Wildenten findet, einfach auf Hühnereier zurückgreifen.

Bärennahrung
Butter ist keine Bärennahrung. Auch Brennnesseln tauchen normalerweise nicht auf dem Speiseplan von Bären auf, doch ich bin sicher, dass diese ab und zu von ihnen gefressen werden. Denn Bären fressen vor allem im Frühling nach der Winterruhe täglich große Mengen an Grünzeug wie Weideröschensprossen, Löwenzahn, Klee und zahlreiche andere Pflanzenarten. Dass man in Bärengebieten Vögel nicht füttern sollte, wurde schon auf Seite 87 thematisiert.

Ich schaue meiner fünfjährigen Tochter Isha zu, wie sie mit ausgestrecktem Zeigefinger sachte versucht, einen ruhenden Perlmutterfalter zu berühren. Als der Finger Millimeter vom Ziel entfernt ist, hebt der prächtige Schmetterling sanft ab. Isha schaut dem davonschwebenden Wunderding noch zwei Sekunden nach, bis sie mit roten Wangen nach einem neuen Opfer sucht. Unsere Jüngste, Ara, hebt Stein um Stein und bewundert mit Angst und gleichzeitig unbändigem Interesse allerhand Insekten, deren geschäftiges Tun sie in ihrem kindlichen Übermut stört.

Doch wann und warum endet diese Phase bei uns Menschen? Wir scheinen irgendwann in den Teenagerjahren vom unbeschwerten Jetzt in ein eher denkorientiertes Sein zu schlüpfen, wo wir uns immer mehr darüber bewusst werden, wie wir aussehen oder aussehen sollten, jedoch immer weniger darüber, wie unser Dasein der Umwelt und uns selbst schadet. Wir scheinen auch diese Unbeschwertheit zu verlieren, die uns erlaubt, jeden Moment zu genießen.

 Wieder und wieder weisen wir unsere Kinder in die Schranken. Sie dürfen nicht auf den Baum klettern, dürfen nicht rennen, sie könnten ja hinfallen. Auch in den Wald lässt man sie kaum, zu gefährlich. Oder man hält sie zurück, weil es draußen zu kalt, zu nass, zu dunkel oder zu windig ist, und wehe, sie kommen mit verdreckten Schuhen und Anziehsachen nach Hause. Kinder hier im Nationalpark dürfen während der Pause auf dem Schulhof keine Schneebälle werfen, es könnte ein Stein darin versteckt sein. Unsinnig, absurd, verfehlt, unlogisch, befremdlich und blödsinnig sind nur einige der Ausdrücke, die mir dazu einfallen. Wir halten unsere Kinder schon in frühen Jahren zurück, unter dem Vorwand, sie vor Verletzungen beschützen zu wollen. Schade, denn

↓
Die kleine Hexe Ara auf dem Weg ins Jetzt.

→
Die Kinder des Autors auf einer Wildnisschaukel.

es existieren keinerlei Gründe für ein solch übertriebenes Schutzverhalten. Statistiken deuten auf jeden Fall nicht auf die Notwendigkeit solcher Maßnahmen hin. Im Gegensatz zu einem sterilen Spielplatz braucht man im Wald oder auf einer Wiese keine Spielanleitung oder Vorschriften. Beim Bauen eines Baumhauses lernen Kinder, mit der Natur und untereinander zu kooperieren, zu kommunizieren, Probleme zu lösen und mit der Natur zu koexistieren. So zieht man gleichzeitig kleine Umweltschützerinnen und -schützer auf, weil diese durch solche meist positiven Erfahrungen die Nähe zur Natur genießen.

Je älter wir werden, desto mehr versuchen wir, wieder an den friedlichen und unbekümmerten Ort zurückzukehren, an dem wir als Kleinkind gestartet sind, so denke ich manchmal. Durch soziale Erwartungen in der Schule und zu Hause kommen diese Leichtigkeit, dieses erleuchtungsähnliche Stadium, das Tiere und Kleinkinder so wunderbar ausstrahlen, irgendwann abhanden. Und dann versuchen wir für den Rest unseres Lebens, dieses Dasein im Jetzt zurückzuerlangen, bis sich der Kreislauf wieder geschlossen hat.

Genauso wie die Wurzeln eines stämmigen Baums bis weit in die Erde reichen, so spüre auch ich eine tiefe Verbindung mit der mich umgebenden Natur. Diese Nähe zur Erde hilft mir zu wissen, dass mein Ursprung nicht nur bei meinen Eltern, sondern auch in der Natur liegt.

TAGEBUCHEINTRAG, 17. AUGUST 2019
Kamtschatka

»Bärenjunges im Jetzt. Über die letzten vierundzwanzig Stunden konnten wir zwei diesjährige Jungen von zwei verschiedenen Müttern mehrere Male beim gemeinsamen Spiel beobachten. In all meinen Jahren unter Bären ist dies das erste Mal. Mogli, das Junge von Shy und Shiksha, und Jumpers Jungbär näherten sich einander mehrmals zaghaft, jedoch unter konstanter, ja strengster Überwachung der beiden deshalb arg gestressten Mütter. Die anfänglichen Annäherungen dauerten nur Sekunden, in denen die Jungen sich gegenseitig anknurrten oder auf den Hinterbeinen stehend abtasteten. Beide Mütter intervenierten mehrmals vorsichtig und versuchten, ihre Jungen wegzulocken. Doch der Reiz eines Spielpartners überwog schlussendlich die Angst vor einer möglichen Verletzung. Dass beides Einzelkinder waren, hat sicherlich viel mit diesem Verhalten zu tun. Heute Morgen dann waren beide Mütter schon viel entspannter, während die beiden Raufbolde nun miteinander spielten, als wären sie Geschwister.«

Das Schöne daran ist, dass diese Wurzeln tief und unauslöschlich in unseren Genen verankert sind. Egal, wie lange wir schon ein von der Natur entfremdetes Leben führen. Egal, wie selten wir unsere Seele durch den Geruch von Wildblumen betören lassen. Ganz gleich, wann wir zum letzten Mal einem tanzenden Schmetterling, einer grasenden Gämse oder einem kreisenden Adler zugeschaut haben.

Unter Bären ist es einfach, im Moment zu schwelgen, in Gedanken nicht beim Morgen oder Gestern zu sein. Kehre ich von der Wildnis wieder zurück in die Zivilisation, bin ich mit einer inneren Ruhe erfüllt, die mich wunschlos glücklich macht. Viele der normalen Begehren wie Filmeschauen oder Kaffeetrinken entfallen, und das oft für mehrere Wochen, während derer mich keinerlei Kauflüste oder andere Zivilisationskrankheiten plagen. Da Erleuchtung jedoch noch ein großes Stück von diesem höheren Bewusstsein entfernt ist, kehrt auch bei mir nach einer gewissen Zeit das Verlangen nach kommerziell orientierter Unterhaltung und Nahrungsmitteln mit Suchtpotenzial wieder zurück.

»Biophilia« wird als Liebe zum Leben beschrieben, als die uns angeborene Leidenschaft für die Natur. In seinem Buch *The Anatomy of Human Destructiveness* (»Anatomie der menschlichen Destruktivität«) beschrieb Erich Fromm, ein Psychoanalytiker, der als Erster diesen Begriff verwendete, Biophilia als »*die leidenschaftliche Liebe zum Leben und zu allem Lebendigen*«. Derselbe Begriff wurde später von dem Ökologen Edward Wilson in seinem Buch *Biophilia* verwendet, in dem er postuliert, dass unsere Neigung zur Natur genetisch verankert sei.

Hinweise darauf findet man überall in w unserem Umfeld. Wir versehen Wanderwege, Ortschaften, Restaurants, Geschäfte, sogar unsere luftverpestenden Autos mit Wildtier- oder Pflanzennamen. Redewendungen wie »Schmetterlinge im Bauch«, »die Katze im Sack« oder »jemandem einen Bären aufbinden« sind Anzeichen dafür. Die weltweite Ehrfurcht in menschlichen Kulturen vor Wildtieren und der Natur ist ein weiterer Hinweis. Es scheint jedoch, dass viele dieser Naturmetaphern aus einer Zeit kommen, in der wir noch viel naturnaher lebten.

Den ersten großen Schritt weg von der Natur machte die Menschheit, als sie sich vor ungefähr 12 000 Jahren von einem Jäger- und Sammlervolk zu einer Gesellschaft von sesshaften Bauern wandelte. Ob dieser Schritt zur Agrikultur gut für uns war, ist heute fraglich, doch das steht schon lange nicht mehr zur Debatte.

←
Wie menschliche Kleinkinder sind auch Bärenjunge Weltmeister darin, im Jetzt zu sein.

↓
Ein wunderschöner Aussichtspunkt.

Dann, vor ungefähr einhundert Jahren, spalteten wir uns durch die fortschreitende Technologisierung kontinuierlich weiter von der Natur ab – etwa durch das Benutzen von Autos, das Leben in modernen, übergroßen Häusern und unsere Arbeit, die im »Schutz« von Gebäuden stattfindet. Man kann wohl argumentieren, dass diese Entkoppelung von unseren grünen Wurzeln durch unsere ebenso genetisch veranlagte Neigung zu einem immer effizienteren Leben zustande kam und dass diese Entwicklung deshalb ganz natürlich ist.

Auf jeden Fall versuchen wir heute vielfach krampfhaft, den Zugang zu Mutter Erde wiederherzustellen. Oft durch sportliche Betätigungen, bei denen Adrenalin ausgeschüttet wird, etwa Gleitschirmfliegen, Apnoetauchen, Geländelaufen, Klettern, Surfen, Mountainbiking, Extremskifahren oder nicht zuletzt durch Wildtierbeobachtungen, wie zum Beispiel Bear Viewing. Andere naturorientierte Tätigkeiten wie Eisbaden, Earthing, Barfußlaufen oder Waldbaden – »Shinrin Yoku«, ein neuer Trend aus Japan – fokussieren ebenfalls darauf, der Natur und somit sich selbst wieder näher zu sein.

Was mich unter Bären oder generell in der Natur immer wieder nährt, ist genau dieses unbeschwerte Gefühl vom Jetzt, das man bei praktisch all diesen Outdooraktivitäten verspürt. Vor allem dann, wenn man von einigen Bären, die ganz in der Nähe grasen, akzeptiert wird, erfüllt einen das uralte Gefühl der kompletten Naturverbundenheit.

→ Der kleine Schwarzbär macht eine Pause von der Beerenernte.

↓ Unter Bären fällt es mir leicht, im Jetzt zu sein.

Man wird in diesen Momenten Teil von dem fast grenzenlosen und komplexen Lebensnetz, das uns umgibt und von dem wir nur ein ganz kleiner Bestandteil sind. Ich fühle mich in diesen uralten Kreislauf stark eingebunden. Dieses Bewusstsein, wo wir hingehören und von welcher Magie wir umgeben sind, hat eine sehr heilsame Wirkung.

Die schönsten Momente mit meinen Kindern waren diese, wo wir uns unbeschwert und oft barfuß durch die wilde Natur bewegten oder an einem Hang, ähnlich wie Bären, Beeren schlemmten und Frucht um Frucht zwischen unseren Lippen verschwand.

Zusammen mit Isha und Ara hockte ich vor wenigen Jahren auf einer Waldlichtung nahe Banff. Lautlos bewegten wir uns in dieser Kauerstellung in einem eher meditativen Zustand über die von Walderdbeeren übersäte Wiese. Es war eine dieser spontanen Exkursionen gewesen. Die süße Belohnung durch die Erdbeeren war nicht voraussehbar gewesen, doch genau so etwas geschieht sehr oft, wenn man in die Natur geht.

Als ich von unserem leisen Naschen aufschaute, wohl von meinem Unterbewusstsein angestupst, sah ich den Bären, der keine zehn Meter vor Isha und Ara in seiner schwarzen Pracht im Sonnenlicht am Waldrand stand und uns zuschaute. »Schaut auf«, sagte ich leise. Keines der beiden Kinder rührte sich groß, auch nicht, nachdem sie den pelzigen Zuschauer entdeckt hatten. Diese wenigen Sekunden, in denen wir alle vier gleichzeitig einander wahrnahmen und sich unsere Blicke trafen, sind unauslöschlich in all unsere Seelen eingeritzt, auch

IM JETZT SEIN

in die des Bären. Es war einer dieser wunderbaren Momente mit meinen Töchtern in der Natur, der nie in Vergessenheit geraten wird. Auch nicht von unseren Genen, denn diese Begegnung, zusammen mit vielen anderen ähnlich zauberhaften Momenten, hinterlässt Spuren, die bleiben. Solche Erfahrungen verbinden uns nicht nur als Familie, sondern auch mit dem Bären, den Pflanzen, ja der gesamten Umwelt. Und damit nehmen auch unser Respekt und unsere Empathie gegenüber anderen Lebensformen zu.

Der Glaube, dass ein Kind im Haus sicherer ist als draußen, ist eine der größten Mythen, denn unter dem gesundheitlichen Aspekt betrachtet, geschieht innerhalb des Hauses heute wenig Gutes. Heutzutage verbringen Kinder oft mehrere Stunden pro Tag vor einem Bildschirm. Sitzt man vor dem Bildschirm, bewegt man sich meist nicht viel. Und wenn man im Haus ist, heißt das, dass man meist auch in der Nähe der Küche ist, wo oft Zuckerhaltiges und Fettiges bereitsteht. Diese Kombination führt zu Übergewicht und zu seelischen Störungen. Nicht nur bei Kindern. Das Problem, dass sowohl Kinder als auch Erwachsene heute viel zu wenig in der Natur unterwegs sind, hat solche Ausmaße angenommen, dass man dafür einen Namen entwickelt hat: Naturdefizit-Störung, ein Ausdruck, der zum ersten Mal von Richard Louv in seinem Buch *Last Child in the Woods* (2005) verwendet wurde.

Mittlerweile sprechen die Resultate von Hunderten von Studien über diese Entfremdung eine deutliche Sprache. Gewisse Untersuchungen deuten auf einen Rückgang der von uns Menschen in der Natur verbrachten Zeit von bis zu neunzig Prozent im Vergleich zu den 1970er-Jahren hin. Mittlerweile existieren viele Studien zu diesem Thema. Viele davon kommen zu dem Ergebnis, dass Kinder, die sich regelmäßig in der Natur aufhalten, klüger, glücklicher, aufmerksamer und weniger besorgt sind als jene Kinder, die selten im Freien sind.

Schlussendlich müssen wir realisieren, dass wir weder Ingenieurinnen, Buchhalter, Lehrerinnen noch Guides sind. Egal, mit welchem Titel wir uns schmücken, letztendlich sind wir Tiere, deren Körper und Seelen sich nicht dafür entwickelt haben, stundenlang vor einem Bildschirm zu sitzen. Naturentfremdung hilft niemandem.

Der Schriftsteller Lew Tolstoi wusste schon vor einhundertfünfzig Jahren, dass »eine der ersten Bedingungen für Glück ist, dass die Verbindung zwischen Mensch und Natur nicht unterbrochen wird.«

Als Jäger und Sammlerinnen verstanden wir, wie wichtig die Natur für unser Überleben ist. Heute, wo der Großteil der Menschheit in Betondschungeln wohnt, mit Ausnahme von einigen sterilen Stadtparks abgetrennt von der Natur, ist dieses Wissen größtenteils verschwunden. Viele Kinder haben keine Ahnung, dass die Milch von der

Der Kambalny-Vulkan, ein paar Wochen nach seinem Ausbruch 2017.

Kuh kommt, geschweige denn, dass für einen Liter Milch durchschnittlich zweihundertfünfunddreißig Liter Wasser verbraucht werden. Wir haben den Zugang zu dem, was uns wirklich nährt, fast komplett verloren. Der Überfluss an Kleidern, Mobiltelefonen, Computern und dem ganzen Ramsch, der mit riesigen negativen Konsequenzen für die Natur produziert und verkauft wird, kann wohl unsere Gier nach mehr Geld sättigen, jedoch nie Körper und Seele nähren.

In einem Traum sah ich eine Gruppe alter Leute, die verstanden, wie man im Einklang mit der Umwelt lebt. Sie waren umgeben von ungezähmter Natur. Sie ließen sich irgendwo auf einem Bergkamm nieder und beobachteten aufmerksam die Umgebung, bis ihre Zeit abgelaufen war. Als dieser Moment kam, kippten sie nicht einfach um. Erst nahmen sie eine milchige, verschwommene Form an, bis sie sich dann im nächsten Bild in Tausende von bunten Pixeln auflösten und vom Wind in einem zauberhaften Schauspiel in der umliegenden Wildnis verstreut wurden. Zersetzt in winzigste Partikel, vereinten sie sich so wieder mit der Ökosphäre, die sie ein Leben lang genährt hatte. In diesem Traum gab's keine Trauer, nur Frieden und Schönheit.

Genauso, wie wir Landschaften renaturieren können, um Wildtieren mehr Lebensraum zu bieten – was dringend notwendig ist! –, ist es auch möglich, unsere Verbindung mit der Natur wieder verstärkt zu spüren. Sie ist nicht tief vergraben. Um sie vermehrt an die Oberfläche kommen zu lassen, ist einzig ein gelegentliches Eintauchen in die Natur angesagt. Vielleicht barfuß – bestimmt aber ohne iPhone.

SORBET VON HAGEBUTTEN UND WILDAPFEL AUF WILDBEERENCOULIS

FÜR 4 PERSONEN

Für das Sorbet:
250 g Hagebutten (*Rosa acicularis*)
550 ml Apfelsaft
500 g Wildäpfel (*Malus fusca*)
150 g Honig
2 Eiweiß
100 g Zucker

Für die Coulis:
100 g Himbeeren (*Rubus idaeus*) und Heidelbeeren (*Vaccinium membranaceum*), gemischt
50 g Honig

Orange = keine Bärennahrung
Schwarz = Bärennahrung

Für das Sorbet die Hagebutten in 200 ml Apfelsaft 1 Tag einweichen. Am nächsten Tag in einem Topf etwa 1 Stunde weich kochen.

Die Wildäpfel in 200 ml Apfelsaft etwa 20 Minuten weich kochen, dann zusammen mit den gegarten Hagebutten durch das Passevite treiben.

Den Honig mit 150 ml Apfelsaft aufkochen, dann abkühlen lassen und dem passierten Fruchtmark beigeben. Kalt stellen.

Das Eiweiß mit dem Zucker zu einem steifen Schnee schlagen, dann sorgfältig unter die erkaltete Fruchtmasse ziehen. Unter gelegentlichem sachtem Umrühren im Tiefkühlschrank gefrieren lassen.

Für die Coulis die Beeren zusammen mit dem Honig aufkochen, dann pürieren und abkühlen lassen. Das Sorbet mit der Coulis übergießen und servieren.

IM JETZT SEIN

Varianten

Hat man keine Wildäpfel und Hagebutten, kann man diese durch eine Mischung aus Rhabarber und normalen Äpfeln ersetzen.

Bärennahrung

In Nordamerika sind mir verschiedene Schwarzbär- und Grizzlypopulationen bekannt, für die Wildäpfel ein wichtiger Teil ihrer Herbstnahrung sind. Teilweise wurden diese Obstbäume früher in Regionen angepflanzt, wo sie in der freien Natur nicht oder nur ganz begrenzt vorkommen. Vor allem in Jahren, wo das natürliche Nahrungsangebot knapp ist, können diese Bäume Bären anlocken. In kleinen Dörfern, wo die Menschen wissen, wie man mit Bären lebt, sollte das kein Problem sein, solange man den Bären den Zugang zu anderen anthropogenen Nahrungsmitteln wie Abfall oder Vogelfutter verwehrt. In größeren Orten ist es besser, wenn man solche Obstbäume beseitigt, um potenzielle Konflikte mit Zweibeinern zu vermeiden. Aus solchen Gründen werden alleine in British Columbia jedes Jahr Hunderte von Schwarzbären von Wildhütern getötet, obwohl dies relativ einfach verhindert werden könnte.

Hagebutten werden in Nordamerika hauptsächlich von Schwarzbären gefressen. Während ich in diesem Rezept nur das Fruchtfleisch der Hagebutte verwende, fressen Bären die ganzen Früchte. Das ergibt auch Sinn, denn die meisten Vitamine und Nährstoffe befinden sich in den Samen. Auch hier sind uns die Bären einen Schritt voraus!

IM JETZT SEIN

Im Oktober 2023 geschah bei mir zu Hause am Red-Deer-Fluss im Banff-Nationalpark ein tragischer Unfall, bei dem zwei Wandernde und deren Hund von einer Grizzlybärin getötet wurden. Was genau vorgefallen war, ist ungewiss, weil es niemand beobachtet hat. Was man weiß, ist, dass die beiden ihr Nachtlager neben dem Fluss schon ausgewählt hatten, als der Vorfall geschah. Die Parkverwaltung erhielt an diesem Tag abends um zwanzig Uhr zwei Notfallsignale der beiden Abenteurer mit dem kurzen Text »Bear attack« und wenig später dann noch die drei Buchstaben »bad«.

Es herrschte kein Flugwetter an diesem späten Abend. Der Helikopter blieb am Boden. Deshalb forderten die Behörden eine Einsatztruppe auf, zu Fuß und im Dunkel der Nacht aufzubrechen. Als das Team einige Stunden nach dem Erhalt der SOS-Nachrichten mitten in der Nacht beim Unglückscamp ankam, war die Bärin noch immer vor Ort und verteidigte das Camp gegen die Eindringlinge. Dieses Verhalten zeigte, dass die Bärin die toten Menschen und den Hund als Beute behandelte und sich deshalb auch in der Gegenwart der Rangers wehrhaft verhielt. Dieses räuberische Verhalten ist so selten, dass ich meines Wissens in siebenunddreißig Jahren und nach Tausenden von Begegnungen mit Bären noch nie ein Tier mit dieser Absicht vor mir hatte. In dieser sehr brenzligen Situation für die Leute des Einsatzteams gab es keine andere Lösung, als die nach wie vor aufgebrachte Bärin im Licht ihrer Stirnlampen zu erschießen. Sie war mit ihren fünfundzwanzig Jahren alt, was ihr Zahnstatus auch verdeutlichte. Sie war zwar nicht am Verhungern, hatte jedoch angesichts der späten Jahreszeit viel zu wenig Fett auf den Rippen. Dieser Zustand hat mit Sicherheit zu ihrem aggressiven Verhalten beigetragen. Ähnlich wie wir Menschen können auch Bären ungeduldig und aggressiv reagieren, wenn der Magen knurrt.

Zur Zeit dieses Zwischenfalls war ich in Alaska unter Bären, doch bekam ich von verschiedenen Quellen Nachrichten über die traurigen Geschehnisse. Da ich es als Teil meiner Mission sehe, den Bären für die Öffentlichkeit im richtigen Licht darzustellen, nämlich als tolerantes und meist friedfertiges Tier, belasten mich solche Vorfälle, wo sich ein Bär ziemlich gegenteilig zu diesem sonstigen Gebaren verhält, lange. Ich verbrachte einige schlaflose Nächte mit dem Versuch, anhand der spärlichen Informationen die Gründe dieser vehementen Reaktion des Tieres zu deuten. Das Paar hatte anscheinend vieles richtig gemacht, was sein Verhalten angeht. Die Nahrungsmittel wurden abseits vom Camp an einem Baum aufgehängt. Im Zelt fand man keinerlei potenzielle Lockmittel. Das Zelt wurde auch nicht direkt auf oder neben einem Wildwechsel errichtet. Die beiden waren mit einem Pfefferspray unterwegs, außerdem wurden sie von Freunden als sehr erfahren in der Wildnis beschrieben. Was für mich jedoch schon lange klar ist, ist,

↑
Kanadische Grizzlybärin mit einem zweijährigen Jungen.

↓
Ohne den Schutz der Mutter sind kleine Bären verloren.

dass Bären meist mit Hunden nicht klarkommen. Diese verhalten sich oft zu laut, zu aggressiv, zu nervös und vor allem zu unberechenbar, als dass sich ein Bär sicher fühlen würde. Ich habe mittlerweile in Russland, Alaska und Kanada verschiedene Begegnungen zwischen Hund und Bär beobachtet. In dreien dieser Fälle überlebte der Hund nicht. Das Bellen allein kann eine wehrhafte Reaktion eines Bären auslösen. Menschen haben bei uns in den Rockies sehr oft Hunde als Begleitung auf Wanderwegen dabei, meist aus einem falschen Sicherheitsgefühl heraus, eben weil sie denken, dass ihr treuer Begleiter ihnen Schutz gegen Raubtiere biete. Ist der Hund nicht wirklich trainiert, wie zum Beispiel ein Karelischer Bärenhund, lässt man das Tier aber am besten zu Hause, um das Risiko einer gefährlichen Begegnung auf ein Minimum zu reduzieren.

Obwohl bei uns in den Nationalparks dort, wo man Hunde mitnehmen darf, Leinenpflicht gilt, wird diese von etwa der Hälfte der Hundebesitzer ignoriert. Die Behörden tun herzlich wenig dagegen, was für mich unverständlich ist. Für Wildtiere bedeutet ein streunender Hund großen zusätzlichen Stress, ist ihr Leben doch so oder so schon ein täglicher Überlebenskampf. In Bezug auf Bären sind von der Leine gelassene Hunde wie Gift. Es ist daher nicht selten, dass ein freilaufender Hund, der einen Bären aufgespürt hat, den nun gereizten Meister Petz zurück zum Besitzer lockt.

Ob der Hund im Fall vom Red Deer der Auslöser war, ist ungewiss, doch es ist sehr wahrscheinlich, dass der Vierbeiner zumindest zum Stress der Bärendame beigetragen hat. Zudem hat sich die Bärin mit großer Wahrscheinlichkeit im Frühling mit einem Männchen verpaart,

was sie zusätzlich unter Druck gesetzt haben wird. Denn hat die Bärin im Spätherbst nicht genügend Fettreserven, werden die zwar befruchteten, jedoch noch nicht in der Gebärmutter eingenisteten Eier wieder ausgeschwemmt.

Einer der wohl wichtigsten Stressfaktoren war jedoch eine sehr schlechte Beerenernte. Vor allem hier in den zentralen Rocky Mountains hoffen sowohl Schwarz- als auch Grizzlybären jedes Jahr auf eine gute Beerenernte, vor allem von einer Art – *Shepherdia canadensis* oder Büffelbeere. Natürlich fressen Petze bei uns auch andere Früchte, doch diese Büffelbeeren wachsen hier überall, vom Talboden bis ins alpine Gebiet – und das in großen Mengen, was für eine effiziente Ernte von enormer Wichtigkeit für die Bären ist. Hier bei uns, wo die Bären nur einen eher kargen Lebensraum vorfinden, gibt es keine wirklichen Alternativen zu fehlendem Fruchtzucker. Fehlen also diese Beeren, kommt es meist zu mehr Konflikten zwischen Mensch und Bär.

Der Klimawandel führt zu immer mehr Trockenperioden. Diese schon fast regelmäßig auftretenden Wettersituationen können sich je nach Ort und Pflanzenart positiv auf die Umwelt auswirken. Sträucher zum Beispiel können in gewissen Jahren mit mehr Sonnenschein auch mehr Früchte als üblich produzieren. Mehrheitlich ist es jedoch so, dass die Beeren wegen der extremen Wetterverhältnisse viel zu früh vertrocknen und abfallen. Dieser oft über mehrere Wochen dauernde Verlust eines sehr wichtigen Nahrungsmittels kann sich für Bären äußerst negativ auswirken.

Es ist nicht nur der Klimawandel, der Sorgen bereitet. Das immer rasantere Schwinden von Lebensraum durch unseren unersättlichen Appetit nach immer mehr, das damit verbundene Artensterben und die Abnahme der Biodiversität haben verheerende Ausmaße angenommen. Deshalb ist es unheimlich wichtig, dass wir auch Erfolgsgeschichten teilen und zelebrieren, die Hoffnung darauf machen, dass wir die Kurve doch noch bekommen können.

In Europa existieren momentan einige Projekte, in denen man Bären entweder wieder anzusiedeln oder eine stark geschrumpfte Population besser zu schützen versucht, sodass sie sich wieder ausbreiten kann. Im Trentino, wo es vor etwas mehr als zwanzig Jahren in den Tälern kaum Bären gab, siedelte man 2012 wieder zehn Bären an. Mit Erfolg. Denn heute zotteln wieder etwas mehr als einhundert Braunbären durch die Laubmischwälder dieser Provinz nahe der Schweizer Grenze. Und es ist noch Platz für viele mehr.

Eine Bärin im Norden von Spanien kurz nach der Winterruhe.

Im Norden von Spanien ist es ebenfalls nicht lange her, dass man den dortigen Bären keine rosige Zukunft voraussagte. Durch verschiedene, teilweise durch EU-Gelder finanzierte Schutzmaßnahmen konnte man die Anzahl der Bären jedoch um ein Vielfaches erhöhen. Zu diesen Schutzmaßnahmen zählen beispielsweise die Verbesserung des Lebensraums der Bären durch das Pflanzen von Zehntausenden von Obstbäumen oder die Aufklärung darüber, wie wichtig die Erhaltung einer intakten Natur ist, um Fälle von Wilderei zu reduzieren. Heute leben im Norden von Spanien wieder etwas mehr als dreihundert Petze. Die Population hat sich sogar so gut erholt, dass sich 2019 ein Braunbär bis in den Norden Portugals verirrte. Seit der letzten Bärensichtung im Jahr 1843 gilt der Bär in diesem Land als ausgestorben.

Auch in Griechenland, das man eher mit Stränden oder Calamari als mit Bären in Verbindung bringt, konnte man in den letzten Jahren eine starke Zunahme der dort ansässigen Bärenpopulation verzeichnen. Es ist wohl für viele eine Überraschung, dass auch dort heute wieder um die fünfhundert Bären diese wunderschöne Landschaft durchstreifen.

Seit Lumpaz, der erste Schweizer Bär seit 1904, vor fast zwanzig Jahren von Italien aus über die Grenze schritt, haben ihm das einige seiner Artgenossen nachgemacht. Zwar existiert in der Schweiz nach wie vor noch keine eigene Bärenpopulation, doch Lebensraum ist auch hier in diesem eher engen Land für einige Individuen vorhanden. Die weitverbreiteten und reichhaltigen Mischwälder aus Kastanien, Eichen und Buchen, in denen sich die meisten Europäischen Braunbären sehr wohlfühlen, offerieren dieser Art nicht nur den perfekten, sondern auch ihren seit Jahrtausenden angestammten Lebensraum. Diese Tiere gehören in diese Landschaft. Nicht nur, weil sich momentan die italienische Regierung und gewisse Projektleitende mit der Entwicklung der Population im Trentino etwas schwertun, sondern auch, weil sich im Kerngebiet der Anteil der weiblichen Bären nur sehr langsam vergrößert, wird es wohl noch ein Weilchen dauern, bis auch in der Schweiz Hoffnung auf eine eigene beständige Bärenpopulation besteht. Die Anzeichen dafür, dass ein zukünftiger Spaziergang in meiner alten Heimat von einer Bärenspur auf dem Waldweg bereichert werden könnte, stehen jedoch gut. Auf diesen Moment freue ich mich sehr.

Eine weitere Erfolgsgeschichte nahm vor mehr als drei Jahrzehnten ihren Anfang. Doug Tompkins war der Gründer der beiden Kleidergiganten The North Face und Esprit. Das Geschäft war zwar finanziell äußerst erfolgreich, doch leider sind die Umweltschäden, die diese Industrie verursacht, ziemlich groß. Das war dann auch einer der Beweggründe, warum Doug aus diesem Business ausstieg und sich bald darauf, nach der Scheidung von seiner ersten Frau Susie in den frühen 1990er-Jahren, in Chile niederließ. In Kris McDivitt fand Tompkins bald darauf nicht nur die Liebe seines Lebens, sondern auch jemanden, der mit ihm seine Ängste über den Verlust der Wildnis teilte. Allein mit dem Verkauf von Esprit verdiente Doug hundertfünfzig Millionen, und zusammen

> Der Bär ist als Schlüsselart eines Ökosystems von großer Wichtigkeit.

mit Kris, die nach über zwanzig Jahren als Chefin der Outdoorfirma Patagonia ebenfalls mehr als wohlhabend war, stand ihnen ein großes Vermögen zur Verfügung, das zum Schutz der Umwelt eingesetzt werden konnte. Über die letzten drei Jahrzehnte kauften die beiden so viel Privatland in Chile und Argentinien wie kein anderer Mensch. Diese Ländereien gelten heute als die größten je von Privatpersonen gekauften und anschließend unter Schutz gestellten Gebiete. »Wir züchteten im Grunde Nationalparks«, sagt Kris über ihr Leben mit Doug.

Die Einheimischen wurden misstrauisch. Warum sollte jemand so viel Geld ausgeben, um dann der Gesellschaft das Land als Nationalpark wieder zurückzugeben? Viele glaubten nicht an die guten Absichten der Tompkins'. In diesen ersten Jahren wurden Kris und Doug wahlweise verdächtigt, einen neuen jüdischen Staat gründen, eine Atommülldeponie errichten oder Chiles Wasservorrat exportieren zu wollen, und es wurde sogar gemunkelt, Doug sei ein Geheimagent der CIA. Doch die beiden gaben nicht auf. Sie argumentierten, dass der groß angelegte Schutz dieser Regionen notwendig sei, um die Einwohnerinnen und Einwohner vor der drohenden Gefahr von Hydroprojekten und massiven Waldrodungen zu schützen. Ihre Beharrlichkeit zahlte sich in Form von wachsendem Vertrauen der Einheimischen aus. Noch vor wenigen Jahren bezeichnete Kris gar die Präsidenten von Argentinien und Chile als ihre Freunde. Ob das heute noch der Fall ist, ist fraglich.

Dieser langjährige Traum des Paares erlitt dann allerdings 2015 einen herben und unerwarteten, traurigen Rückschlag, an dem das ganze Vorhaben fast gescheitert wäre. Zusammen mit Patagonia-Gründer Yvon Chouinard und anderen erfahrenen Outdoor-Enthusiasten machte sich Doug Tompkins auf eine mehrtägige Kajakexpedition, von der er leider nicht mehr lebend nach Hause zurückkommen sollte. Nur dreihundert Meter vom Ufer entfernt, jedoch bei sehr hohem Wellengang, kenterte sein Boot. Der Lago General Carrera ist ein tiefer, großer See an der Grenze zwischen Chile und Argentinien, der mit Gletscherwasser gespeist wird. Doug starb schließlich an den Folgen einer zu starken Unterkühlung. Kris war nahe daran, aufzugeben. Wie sollte sie die Kraft und die Motivation aufbringen, ohne ihre andere Hälfte, ohne die Liebe ihres Lebens, all diese Projekte fortzuführen? Schließlich war es ein Traum, den die beiden gemeinsam gehabt hatten. Doch vielleicht war es genau deswegen, dass Kris schließlich trotzdem weitermachte. Weil das alles eben ein großer Traum von Doug war, ein Traum, den er auf keinen Fall aufgegeben hätte.

Die von Doug und Kris gegründete NGO Tompkins Conservation ist heute das weltweit größte Rewilding-Projekt überhaupt. Der Erhalt dieser Flächen bedeutet, dass dort in Zukunft die Natur gegen Landwirtschaft, Holzabbau, Bergbau und gegen andere industrielle Entwicklungsprojekte geschützt sein wird. Ein solcher Umweltschutz liegt

eigentlich in der Verantwortung der gewählten Staatsoberhäupter, doch leider versagen diesbezüglich unsere Präsidenten, Bundesrätinnen und Umweltminister völlig. Wie etwa der Schweizer Bundesrat Albert Rösti, der die fast schon kriminelle Entscheidung traf, siebzig Prozent der Wolfspopulation auszulöschen, nachdem sich das Schweizer Volk deutlich gegen eine Lockerung des Jagdgesetzes ausgesprochen hatte – und das ohne jeglichen ökologischen oder wissenschaftlichen Hintergrund.

Weil viele Länder ihre Verantwortung für den Schutz unserer Ökosysteme nicht wahrnehmen, werden solche philanthropisch finanzierten Privatprojekte immer wichtiger. Bisher konnte die Tompkins Conservation siebenundfünfzig Millionen Quadratkilometer Land unter Schutz stellen, was ungefähr siebenmal der Fläche des Yellowstone-Nationalparks entspricht! In Argentinien und Chile halfen Doug und Kris, fünfzehn neue Nationalparks zu etablieren – entweder vollumfänglich, oder sie halfen durch Grundstücksspenden mit, bestehende zu vergrößern. Zudem wurden zwei neue Meeresschutzgebiete mit dreißig Millionen Quadratkilometern gegründet, was ungefähr dreimal der Fläche der Schweiz gleichkommt.

Nachdem viele Wildtiere vor der Erschaffung dieser neuen Schutzgebiete entweder getötet oder vom Menschen anderweitig verdrängt wurden, konnte man bisher vierundzwanzig heimische Arten wieder neu ansiedeln oder man hat, um bedrohte Populationen wieder zu vergrößern, deren Lebensräume aufgewertet. Dazu gehören bisher die Raubkatzen Jaguar (*Panthera onca*), Ozelot (*Leopardus pardalis*) und

← Rotkäppchens böser Wolf existiert in Wahrheit nicht.

↓ In einem von der Tompkins Conservation geschützten Gebiet existiert heute eine der weltweit höchsten Dichten an Pumas.

Puma (*Puma concolor*), der Große Ameisenbär (*Myrmecophaga tridactyla*), der Patagonische Huemul (*Hippocamelus bisulcus*), das Guanako (*Lama guanicoe*), das Halsbandpekari (*Pecari tajacu*), der Kaninchenkauz (*Athene cunicularia*), der Darwinnandu (*Rhea pennata*) und der Grünflügelara (*Ara chloropterus*), während der Riesenotter (*Pteronura brasiliensis*) und der Nacktgesichthokko (*Crax fasciolata*) auf dieser »Very important species«-Liste sicher bald folgen werden.

Das alles haben ein paar wenige Menschen in den letzten dreißig Jahren mit Willen, Überzeugung, harter Arbeit und, ja, zugegeben, mithilfe eines zünftigen Batzens Geld erreicht. Eine ähnliche Entwicklung wäre auch in vielen anderen Regionen der Erde möglich.

»Es geht hier nicht um Geld«, wurde Kris vor Kurzem zitiert. »Es gibt heute keine Entschuldigung mehr, nichts zu tun. Wo immer du bist, egal, wo deine Interessen liegen, wen oder was immer du auch liebst, jeden Morgen, wenn du aufstehst, unternimmst du etwas. Handle, kämpfe für unsere Gesellschaft, deren Zukunft von einer harmonischen Beziehung mit der Natur abhängig ist. Wir haben keine andere Wahl. Sonst können wir uns von unserem wunderschönen Planeten verabschieden.«

HEILBUTT MIT KNOLLEN DER SCHATTEN-SCHACHBLUME, ENTENEI UND WILDEM SCHNITTLAUCH

FÜR 4 PERSONEN

320 g Knollen der Schatten-Schachblume (*Fritillaria camschatcensis*)
Butter
10–12 Stängel Wilder Schnittlauch (*Allium schoenoprasum*), fein geschnitten
4 Enteneier
400 g Heilbuttfilet (*Hippoglossus stenolepis*)
2 Prisen Meersalz
1 EL Sonnenblumenöl

Die Knollen der Schatten-Schachblume 4 Minuten in Wasser kochen oder dämpfen. In wenig Butter schwenken und den fein geschnittenen Schnittlauch bis auf etwas zum Garnieren dazugeben.

Die Eier 9 Minuten kochen, abkühlen lassen, schälen und halbieren. Den Fisch leicht salzen und im erhitzten Öl anbraten.

Orange = keine Bärennahrung
Schwarz = Bärennahrung

Den Heilbutt mit den halbierten Eiern und den glasierten Schachblumenknollen anrichten und mit dem beiseitegelegten Schnittlauch dekorieren.

Varianten
Statt der Knollen der Schatten-Schachblume kann man schlicht junge Kartoffeln verwenden.
Übrigens: Die Eier habe ich nicht von Wildenten gestohlen! Die Enten gibt's auch domestiziert. Wenn man keine Eier von Wildenten findet, einfach auf Hühnereier zurückgreifen.

Bärennahrung
Hier ist alles, außer der Butter, irgendwo auf der Welt Nahrung von Bären.
Als ich auf einer Kajakexpedition in Alaska vor Jahren nahe dem Ufer in meinem kleinen Boot für einen kurzen Moment innehielt, erstarrte ich, als ich von Wind und Wellen um die nächste Biegung geblasen wurde. Da thronte ein Braunbär zwei Meter über mir auf einem großen Felsvorsprung, und in seinem Mund hielt er einen riesigen Heilbuttkadaver. Der Bär sprang sofort auf, als er mich sah, und verschwand in der grünen Uferböschung, seine wohl angeschwemmte Beute entlang seines braunen Körpers mit sich schleifend.
Die Knollen der sehr ansehnlichen Schatten-Schachblume werden von Bären in Küstengebieten Nordamerikas entweder im Frühling, bevor die Pflanze blüht, oder im Herbst ausgebuddelt. Denn nur zu diesen beiden Jahreszeiten sitzt die Kraft dieses Liliengewächses in der Wurzel.
Dass man in Bärengebieten Vögel nicht füttern sollte, wurde schon auf Seite 87 thematisiert.

PAZIFISCHER WILDLACHS

Es war im August vor einigen Jahren, als sich Big Boy, das dominante Männchen an dieser Flussbiegung am Südzipfel der Kamtschatka-Halbinsel, zum wiederholten Mal an diesem Tag in die Fluten stürzte. Und wieder tauchte er mit einem Lachs auf, den er unmittelbar und fast in Sekundenschnelle verschlang. Zwei, drei hastige Bisse, und weg war der Fisch. Diese Buckellachse (Oncorhynchus gorbuscha) wiegen immerhin zwischen einem und drei Kilogramm, und das war nun schon Lachs Nummer dreiundvierzig. Am Ende des Tages, als Big Boy für seinen verdienten Schlummer in den Erlen verschwand, hatte ich sage und schreibe zweiundsiebzig Lachse gezählt, die in seinem Inneren verschwunden waren!

Ein solches Gelage ist hier an diesem Fluss im Fernen Osten Russlands selten. Seit vielen Jahren beobachte ich das Geschehen hier, wo ich 2004 zusammen mit Charlie Russell (siehe letztes Kapitel, Seite 219) zum ersten Mal einen ganzen Sommer verbracht habe. Dieser Fluss ist hauptsächlich als Rotlachsgewässer bekannt und führt selten viele Buckellachse, sodass die Bären, die sich hier während des Sommers entlang des Flusses versammeln, meistens um jeden gefangenen Fisch kämpfen. Doch dieses Jahr war es anders. Obschon die Rotlachse ebenfalls präsent waren, kämpften sich gleichzeitig Abertausende von Buckellachsen die Stromschnellen hinauf. Jeder Pool im Fluss war

Big Boy mit weiblichem Buckellachs.

mit dieser kleineren Lachsart gefüllt. Ich war nicht der Einzige, der von dieser unerwarteten Massenmigration überrascht war. Auch die Bären wussten anfangs gar nicht recht, wie sie bei all dem Spritzen die glitschigen Dinger fangen sollten. Sie schienen verwirrt, und es dauerte trotz des übervollen Flusses eine Weile, bis die älteren Tiere genug Konzentration aufbringen konnten, um erfolgreich zu jagen.

Das Spektakel endete jedoch fast so schnell und unerwartet, wie es begonnen hatte. Am zweiten Tag schon verschmähten viele der anwesenden älteren und erfahreneren Bären die männlichen Buckellachse, während die jüngeren Bären nach wie vor die männlichen buckeligen Individuen erbeuteten. Die älteren Bären wählten nur noch die weiblichen Fische aus, die mit fettreichen und grell-orange leuchtenden Eiern gefüllt waren. Bären erkennen also auch visuell den Unterschied zwischen den beiden Geschlechtern ihrer schuppigen Beute. Fingen sie trotzdem ab und zu noch einen unerwünschten männlichen Lachs, ließen sie diesen nach einem kurzen Geruchstest wieder lustlos in die Strömung plumpsen.

Am dritten Tag nach dem Auftauchen dieser Riesenansammlung von Gorbuscha (Buckellachs auf Russisch) ignorierten fast alle Bären diese »neue« Lachsart gänzlich, auch die weiblichen mit Eiern gefüllten Fische. Weil sich gleichzeitig eben auch einige Rotlachse durch die Fluten kämpften, die nicht nur frischer waren, sondern auch durchschnittlich zwei Kilo mehr auf die Waage brachten (mehr Fett), fraßen sie von nun an nur noch Nerka (Rotlachs auf Russisch), der übrigens neben dem Königslachs auch bei uns Menschen als bester Lachs gilt. Bären sind also genau die gleichen Feinschmecker wie wir.

↑
Der männliche Buckellachs weist einen großen Höcker auf.

↓
Sowohl der atlantische wie auch der pazifische Wildlachsbestand haben in den letzten Jahren kontinuierlich abgenommen.

PAZIFISCHER WILDLACHS **159**

Generell kehren Lachse immer dorthin zurück, wo sie geboren sind. Man weiß jedoch, dass die beiden im pazifischen Raum am häufigsten vorkommenden Lachsarten, Hunds- und Buckellachse, manchmal neue Gewässer besiedeln. Warum diese meist sehr standorttreuen Tiere das tun, ist unklar. Vielleicht konnte ich eine solche Pionieraktion beobachten? Ich weiß es nicht. Dass der ständig fortschreitende Klimawandel Lachse vermehrt vor größere Probleme stellt und also etwas damit zu tun hat, ist wahrscheinlich.

Wie wichtig diese Fische für ein Ökosystem und für die Bären sind, erläutert folgende Geschichte. Der Kurilensee ist das Herz und die Seele des Yuzhno-Kamtschatsky-Reservats am Südzipfel der Kamtschatka-Halbinsel. Besser gesagt sind es die Lachse, die diese uralte, heute mit Frischwasser gefüllte Kaldera und deren Umgebung so lebendig machen. Die großen Schwärme von Rotlachsen (*Oncorhynchus nerka*), die hauptsächlich im Kurilensee laichen, schwimmen entlang der Westküste durch das Ochotskische Meer, bis sie an die Mündung des Ozernaya-Flusses gelangen.

Wann sie dort angekommen sind, erfahren die Fische zunächst durch das Magnetfeld der Erde, das sie wie einen Kompass verwenden. Später, näher beim Ziel, ist es ihre Nase, die ihnen hilft, den Geruch ihres Geburtsgewässers zu erkennen. Es ist fast unglaublich, dass jedes Gewässer seinen individuellen Fingerabdruck, einen charakteristischen Geruch, haben soll. Doch man glaubt, dass die Fische tatsächlich anhand von chemischen Signalen, die sie im Wasser wiedererkennen, ihren Weg nach Hause finden. Wie auch immer diese Fische Jahre später

↑
Auch der Rotlachs ist im Meer silbern, wie alle anderen Lachsarten.

→
Je weniger Lachse in ihre Laichgewässer zurückkehren, desto intensiver kämpfen die Bären um die Fische.

ihren Heimweg in diesen riesigen Wassermassen ausmachen: Es ist eine der wichtigsten Komponenten der überaus komplexen Verflechtungen eines funktionierenden Ökosystems. Denn wie die Blutbahnen in unserem Körper die verschiedenen Gliedmaßen mit wichtigen Nährstoffen, Mineralien und Sauerstoff versorgen, tun das ebenso die Lachse, indem sie jedes Jahr erneut die Tausenden von Laichgewässern besiedeln und somit Nahrung werden für für alle, die im Wasser und an Land leben. Für mich sind alle diese perfekt miteinander verbundenen Bausteine der Natur pure Magie. Doch eben weil all diese Teile und Prozesse in der Natur voneinander abhängig sind, braucht es relativ wenig, dass das ganze System aus den Fugen gerät.

Und genau das ließ Russland in den letzten Jahren in diesem Gebiet geschehen. 2016 konnte ich meinen russischen Freund und Biologen Sergey Kolchin bei einem Meeting mit der Parkverwaltung des Yuzhno-Kamtschatsky-Reservats in Petropawlowsk einschleusen. Sie hatten damals in ihrem Team keinen Bärenbiologen, was überraschend ist in einem Gebiet mit einer der dichtesten Bärenpopulationen überhaupt. Als Resultat dieses Kennenlernens offerierten sie Sergey die Position als Bärenspezialist. Diese Gelegenheit nahm Sergey auch ziemlich schnell wahr und fing an, mithilfe eines kleinen Teams Informationen

von seinen täglichen Beobachtungen um den Kurilensee zu sammeln. 2021 publizierte er zusammen mit seiner Kollegin Lyia Pokrovskaya einige der Daten. Sie verglichen das Verhalten der Bären um den See in den Jahren 2017 und 2018 und fanden große Unterschiede in den jeweiligen Datensätzen. Während 2017 ein gutes Lachsjahr war, in dem die verantwortlichen Behörden 2,3 Millionen Rotlachsen die Weiterreise in den Ozernaya gewährten, ließen sie 2018, bei einem hohen Wasserstand, der den Bären zusätzlich den Fischfang stark erschwerte, nur noch knapp eine Million Fische passieren.

Als direkte Folge dieser Entscheidung und der damit fehlenden Nahrung für die Bären am See vernachlässigten 2018 verschiedene Bärenmütter mindestens zweiundzwanzig ihrer Jungen und gaben sie schlussendlich wegen der erschwerten Futtersuche gänzlich auf. Im Jahr zuvor, bei einem reichhaltigeren Nahrungsangebot, wurden keine von der Mutter verstoßenen Bärenjungen beobachtet. Zusätzlich notierten Sergey und sein Team 2018 neun Fälle von vorher extrem seltenem Kannibalismus unter den Bären. Im Jahr zuvor war lediglich ein Fall registriert worden. Kannibalismus ist vor allem in dichten Populationen je nach Nahrungsvorkommen ein normales Verhalten. Doch am Kurilensee, in dem in der Vergangenheit zwischen vier und acht Millionen Lachse laichten, sollte keine Nahrungsknappheit herrschen. Der kommerzielle Fischfang – oder vielmehr die damit verstrickte Politik – macht leider auch hier, in einem der letzten Rückzugsgebiete des Pazifischen Lachses, dem Ökosystem und somit auch den Bären einen Strich durch die Rechnung.

Obschon das beim Großteil der Bären nicht der Fall ist, kann die Gefahr für den Menschen bei Begegnungen mit ihnen während einer Nahrungsknappheit zunehmen. Nicht, weil sie uns Zweibeiner als Nahrungsquelle sehen, sondern weil sie, ähnlich wie wir Menschen in solchen Situationen auch, gereizt sind und auch vehementer einen Fangplatz oder ein Nahrungsmittel gegen Eindringlinge verteidigen.

2018 näherte sich ein Parkinspektor am Kurilensee einem Bären, um zu schauen, was dieser gerade verzehrte. Der Bär stürmte auf den Mann los und tötete ihn. Dieser tragische Zwischenfall war der erste von einem Bären verursachte Todesfall in diesem Reservat, das seit vielen Jahren einer der größten Touristenmagnete Russlands ist. Was der junge Inspektor nicht wissen konnte, war, dass der Bär an einem Kadaver eines jüngeren Bären saß. Die Reaktion, diesen zu verteidigen, ist normal, nur hatten bisher Bären an diesem Ort nie Gründe, ihre Artgenossen zu fressen, weil es bei den Massen von Lachsen, die es hier normalerweise gab, nicht notwendig war, um zu überleben.

An der Mündung des Ozernaya, dem einzigen Gewässer, das aus dem Kurilensee ins Meer fließt, stehen heute nicht weniger als sieben

↑
Der russische Biologe Sergey Kolchin mit zwei »seiner« Waisen.

→
Auch unter den großen Männchen besteht eine Hierarchie.

Fischverarbeitungsfabriken. Die Grenzen des Yuzhno-Kamtschatsky-Reservats wurden so gezogen, dass die Flussmündung des Ozernaya nicht miteinbezogen ist. Und doch ist es genau die Mündung, die von der Parkverwaltung reguliert werden sollte und nicht von kommerziellen Fischern. 2018 bedeutete dann auch ein Rekordjahr, in dem die Fischfangflotte mehr als 26 000 Tonnen Lachse nahe der Flussmündung aus dem Meer zog. Kein Wunder also, dass die Bären angefangen haben, ihre Artgenossen zu fressen, denn Alternativen zu den fehlenden Fischen existieren in diesem von Bären dominierten System kaum.

Doch so düster die Situation mit dem Schutz der russischen Lachse auch scheint, existiert im Kampf für den Erhalt dieser so wichtigen Ressource im pazifischen Raum doch ein Hoffnungsschimmer. Sechs wichtige Lachsflüsse fließen in die Bristol Bay im Südwesten Alaskas. Die Rotlachsfischerei hier zählt zu den größten und nachhaltigsten unseres Planeten. Über circa zwanzig Jahre blieb die Anzahl der rückkehrenden Fische in dieser weitläufigen Riesenbucht mit durchschnittlich 35 Millionen gefangenen Lachsen gleich. In den letzten Jahren übertrafen sich jedoch die Rekordfänge mit mehreren Fangsaisons, in denen mehr als 50 Millionen dieses äußerst beliebten Speisefisches in den großmaschigen Netzen landeten. Die Saison 2022 ließ auch diese Rekordjahre mit 79 Millionen Rotlachsen hinter sich.

Wie ist das möglich, dass von Jahr zu Jahr mehr Fische zurückkehren, obwohl gleichzeitig auch mehr gefangen werden? Auf der einen Seite erlaubt das *Alaska Department of Fish & Game*, das den Fischfang kontrolliert, ein sogenanntes »Escapement« von heimkehrenden Fischen. Das heißt, dass man genug Fische »entwischen« und ihren Laichfluss erreichen lässt, bevor die Gewässer in der Bucht für den kommerziellen Fischfang geöffnet werden. So sind zukünftige Fischzüge garantiert. Und das bei einer Fischfangflotte von bis zu sage und schreibe eintausendfünfhundert Booten, allesamt lizenziert für die Bristol Bay!

Dazu kommt, dass sich der Rotlachs als einzige pazifische Lachsart von Plankton statt von anderen Fischen ernährt. Man nimmt an, dass die wärmeren Wassertemperaturen, verursacht durch den Klimawandel, dem Plankton zugutekommen. Wenn also das Meer mehr Nahrung für die Rotlachse produziert, dann werden dementsprechend auch die Lachse auf diesen positiven Lebensumstand reagieren.

→
Ein gedeckter Tisch.

↓
Wenn der Magen einmal mit Fisch gefüllt ist, wird oft nur noch der Kaviar gefressen.

Weltweit existieren heute wenige andere Arten, die für riesige Landschaftsflächen von so großer Bedeutung sind wie die großen pazifischen Lachsschwärme. Tausende Arten von Lebewesen im Wasser und zu Land, inklusive Pflanzen, verlassen sich jedes Jahr auf deren Rückkehr, und wir sollten alles daransetzen, dass das so bleibt.

TAGEBUCHEINTRAG, 4. AUGUST 2012
Kambalnoy-See, Kamtschatka

»Die ersten zwei Tage hier waren fantastisch, nein, paradiesisch. Der allererste Bär, den wir alle auf der ersten Exkursion zu Gesicht bekamen, bot uns eine einzigartige Show, die zu Tränen rührte. Auf dem Weg entlang des Seeufers Richtung Itelmenen-Bucht tauchte unerwartet Bucky, ein sechsjähriger Braunbär, aus dem Nebel auf. Ohne uns Beachtung zu schenken, watete er keine zehn Meter vor uns in den See, stürzte sich ins Wasser und verschlang, im kalten Nass sitzend, einen noch zappelnden Rotlachs unmittelbar vor uns. Diese erste Begegnung war so unerwartet magisch, dass vier meiner Gäste mit Tränen in den Augen dastanden. Als ich diese emotionale Reaktion in der Gruppe bemerkte, konnte auch ich die Tränen nicht mehr zurückhalten. Es gibt für mich auf diesen Touren nichts Schöneres, als die Freudentränen meiner Gäste im Angesicht eines solchen Erlebnisses zu sehen.«

WEISSWEDELHIRSCH MIT LÖWENZAHNSPINAT, WILDMORCHELN UND ERDBEEREN

Orange = keine Bärennahrung
Schwarz = Bärennahrung

FÜR 4 PERSONEN

200 g frische oder getrocknete Morcheln (*Morchella esculenta*)
400 g Weißwedelhirsch (*Odocoileus virginianus*)
Meersalz
½ Zwiebel
1 EL Sonnenblumenöl
200 g Löwenzahnblätter (*Taraxacum officinale*)
120 g Wilderdbeeren (*Fragaria chiloensis*)
16 geschlossene Wildrosenblüten (*Rosa acicularis*)

Falls getrocknete Morcheln verwendet werden, diese 1 Stunde einweichen.

Das Hirschfleisch in 1–2 cm dicke Scheiben schneiden, flach klopfen, mit Salz würzen und medium grillen.

Die Zwiebel hacken und im Öl andünsten. Die Morcheln halbieren, dazugeben und 2 Minuten mitdünsten. Die Löwenzahn-

blätter dazugeben und 1–2 Minuten mitgaren. Mit etwas Salz würzen.

Die Hirschplätzchen mit dem Morchel-Löwenzahn-Gemüse anrichten und mit den Wilderdbeeren und den Rosenblüten garniert servieren.

Varianten
Der Weißwedelhirsch ist eine nordamerikanische Huftierart. Alternativ kann man auch anderes Wildfleisch verwenden. Statt Löwenzahn eignen sich auch Spinatblätter oder Rucola. Die Wildrosen kann man durch Erdbeerblüten, Veilchen oder andere essbare Blüten ersetzen.

Bärennahrung
Alles in diesem Rezept ist irgendwo auf der Welt Nahrung von Bären.
Löwenzahn ist wie bereits erwähnt in Nordamerika nicht heimisch. Das ist interessant, denn praktisch alle Schwarz- und Grizzlybären in Kanada und den USA vertilgen jeden Frühling große Mengen von dessen Blättern, Blüten und Stängeln. Ich frage mich, welche Pflanze der Löwenzahn ersetzt hat. Bären fressen für ihr Leben gerne Walnüsse, Sonnenblumenkerne und andere Nüsse – wegen des hohen Fettanteils.
Dass man in Bärengebieten Vögel nicht füttern sollte, wurde schon auf Seite 87 thematisiert.

EPILEPTISCHER ANFALL

Ich saß mit Freunden in der Stadt Whitehorse im kanadischen Yukon in einem marokkanischen Restaurant und führte gerade mein halb volles Glas Rotwein genüsslich zum Mund. Woher der Traubensaft kam, weiß ich nicht mehr. Ich kann mich auch an nichts mehr danach erinnern, denn nach diesem Schluck kippte ich mit meinem Stuhl nach hinten um, und alles wurde schwarz.

Diese Geschichte hatte ihren Anfang an einem Küstengebiet im Südosten Alaskas und geschah während der Zeit, als ich noch sehr unwissend in der Wildnis herumstolperte, was den Gebrauch von Wildpflanzen anging.

Es war, vielleicht im Nachhinein gesehen wenig überraschend, ein etwas kurioser Tag. Ein Freund aus einem nahe gelegenen, winzig kleinen Weiler bot mir Bärenfleisch an. Das männliche, viel zu magere Tier war vor Kurzem im Dorf erlegt worden, weil der Braunbär in Häuser eindrang, um an menschliche Nahrung zu kommen. Es war Herbst, und der alternde Petz war aus irgendeinem Grund für diese Jahreszeit unterernährt, sodass er den nahenden Winter mit so wenig Körperfett wohl nicht überlebt hätte. Leider existieren in solchen Fällen wenig Alternativen dazu, den Bär zu erschießen. Erst schlug ich das Angebot kopfschüttelnd, ja fast beleidigt aus. Wie könnte ich meine eigenen Brüder essen? Am nächsten Tag, als ich erneut von meiner einsamen Hütte durch den Regenwald ins Dorf marschierte, klopfte ich trotzdem an Uriahs Tür und nahm den Brocken Fleisch dankend an. Ich nahm mir vor, anstatt dieses Fleisch eines Tieres, das ich viel lieber lebendig in seinem Lebensraum erlebt hätte, zu verweigern, daraus eine zeremonielle Mahlzeit zuzubereiten. So konnte ich immerhin mitreden, wie Bärenfleisch schmeckt und wieso diese Tiere nach wie vor, wenn auch selten, zum Verzehr gejagt werden.

Heute muss ich sagen, dass ich es nachvollziehen kann, wenn jemand, der relativ abgeschieden im hohen Norden wohnt, sich jährlich einen Elch, Hirsch oder Schwarzbären schießt. Natürlich nur dann, wenn diese Tiere auch zu einhundert Prozent verwertet werden. »Subsistence« ist der englische Begriff für eine solche Jagd, im Deutschen ist es eine Jagd zum Lebensunterhalt. Ich selbst jage auch, doch nur Huftiere und fast ausschließlich in Regionen entlang der Foothills von Alberta, die keine Raubtierpopulationen mehr vorweisen. Dort, wo Landbesitzer die Huftierbestände regelmäßig dezimieren, um Schäden an ihren Feldern zu reduzieren. Mich erreichen ab und zu Nachrichten von Leuten, die überrascht, ja sogar schockiert sind, dass ich als Umweltaktivist jage. Das wiederum überrascht mich, denn viele dieser Menschen essen selbst Fleisch und vor allem Fleisch von Nutztieren, deren Aufzucht unter dem Aspekt des Umweltschutzes gesehen meist um ein Vielfaches problematischer ist, als wenn ich für mich und meine Familie pro Jahr zwei oder drei Huftiere erlege und auf jeglichen anderen Fleischkonsum verzichte. Ich würde sogar die Aussage wagen, dass unter gewissen Umständen bejagte Gebiete besser geschützt sind als einige der geschützten Regionen, die mir bekannt sind. Eine gewissenhafte Jagd ist möglich, kann nachhaltig betrieben werden und ist im besten Interesse der Jagenden, denn so verschwinden die Wildbestände nicht.

Als ich nach meinem Besuch im Dorf wieder in meiner Hütte mit Blick auf den Pazifik ankam, überlegte ich mir, welche andere Wildnahrung ich zusammen mit diesem Stück Bärenfleisch zubereiten könnte. Es sollte ja eine zeremonielle Mahlzeit werden, zu der ich nur Wildpflanzen verspeisen wollte.

Unten am Strand fand ich etwas Passendes: *Goosetongue*, auf Deutsch Strandwegerich (*Plantago maritima*). Ich pflückte mir von diesem Küstengras, das in einer Zone wächst, die regelmäßig von Meerwasser überspült wird, eine gute Handvoll. Zu Goosetongue fällt mir noch eine schöne Anekdote ein, doch dazu später mehr.

Zusammen mit einigen Knoblauchzehen und Tamarisauce dämpfte ich die Strandpflanze kurz. Sie passte auch farblich schön zum Bärenhamburger. Zusammen ergab es das Essen, das ich mir vorgestellt hatte, welches unter anderem auch dem Bären, der sein Leben wegen uns Menschen hatte hergeben müssen, Respekt zollen sollte. Viel nutzte das dem Tier natürlich nicht mehr. Es würde ja deswegen nicht wieder lebendig werden. Die Mahlzeit mundete mir überraschend gut. Mit vollem Bauch legte ich mich kurz darauf aufs Ohr und verbrachte eine traumlose und geruhsame Nacht.

Ich erwachte am nächsten Morgen zum Gekreisch zweier Weißkopfseeadler, die sich hinter meiner Hütte in irgendeinem der Urwaldriesen wohl um ihren Frühstücksfisch zankten. Gähnend reckte ich mich noch einmal im Bett, bis ich mich dann aus den Federn hievte. Ich lief zum Tisch vor dem großen Fenster mit Blick auf die Küste. Ein Reiher und einige Möwen bewegten sich entlang des Wassers auf der Suche nach etwas Fressbarem. Ich erhob mich und schlug aufs Geratewohl meine Pflanzenbibel irgendwo mittendrin auf. Ich konnte es kaum fassen: Ich hatte das Buch genau an der Stelle aufgeschlagen, wo der Strandwegerich, das Kraut, das ich tags zuvor verzehrt hatte, beschrieben wurde. Das konnte doch kein Zufall sein! So las ich all das, was dort über die Verwendung dieser Pflanze stand. Was mich besorgte, kam erst am Schluss, als der Autor die Pflanze beschrieb, mit der Goosetongue offensichtlich öfter verwechselt wird. Stranddreizack (*Triglochin maritimum*), so stand da, enthalte Blausäure, und sowohl Menschen als auch Kühe, die davon aßen, könnten daran erkranken oder gar sterben. Barfuß marschierte ich sogleich zum Strand hinunter, dorthin, wo ich am Abend zuvor mein »Z'nachtgemüse« gepflückt hatte. Es wurde mir schnell klar, dass ich statt Goosetongue die falsche Pflanze zu mir

Goosetongue frisst Goosetongue (*Plantago maritima*).

genommen hatte, denn an diesem Ort am Strand fand ich nur den giftigen Stranddreizack. Doch ich fühlte mich pudelwohl, was sollte ich tun? Noch einmal wanderte ich ins nahe Dorf, wo ich Vicki, eine einheimische Frau, die sich gut mit Pflanzen auskannte, besuchte. Weil auch sie ratlos war, telefonierten wir mit dem Krankenhaus in Juneau, um die dortigen Experten zu fragen, was zu tun sei. Mir wurde gesagt, dass ich mir weiter keine Sorgen machen solle, ich hätte andernfalls nach nun mehr als vierundzwanzig Stunden die Folgen des Gifts schon lange gespürt. Ich bedankte mich bei Vicki und machte mich nun etwas leichtfüßiger auf den Heimweg.

Ungefähr drei Wochen später erreichte ich, damals noch per Autostopp, die Stadt Whitehorse im Yukon. Ich war auf der Rückreise zurück nach Banff nach einem langen Sommer unter den Bären Alaskas. Nun saß ich also mit Freunden aus Toronto, die ich vier Jahre zuvor kennengelernt hatte, in diesem marokkanischen Restaurant, wo wir den Geburtstag von einem meiner Freunde feierten. Ich kann mich gut an den Moment erinnern, in dem ich auf meinem Stuhl nach hinten kippte. Am Boden habe ich wild um mich geschlagen. Was gleich nach diesem epileptischen Anfall geschah, meinem ersten und einzigen bislang, weiß ich nur von den Erzählungen der Anwesenden. In meiner ersten eigenen Erinnerung danach sehe ich das Gesicht des Rettungssanitäters über mir, der mich fast flehend bittet, zu atmen, während er mir gleichzeitig die Sauerstoffmaske auf Mund und Nase drückt. Dann wird alles erneut schwarz. In den nächsten Bildern sehe ich den grünen

Vorhang, der mein Notfallbett im Krankenhaus von Whitehorse umgab. Ich kann mich auch an den Ton meiner Herzfrequenz auf dem Monitor neben meinem Bett erinnern, der meinen Dämmerzustand begleitete. Mein körperlicher Zustand erschien mir damals ähnlich dem eines Generators, den man nach einer Pause wieder einschaltet, der jedoch nur sehr langsam wieder in Fahrt kommt. Ich fühlte mich entkräftet, verspürte jedoch ein überschäumendes Maß an Liebe für alle, die an mein Krankenbett kamen. Auch für Mireille, die Krankenschwester von damals, die dann später die Mutter meiner ersten Tochter Isha wurde. Interessant, wie meine beiden Töchter mit starkem Bezug zu Bären entstanden sind, denn auch Ara wurde wohl nicht zufällig irgendwo zwischen den Bärengebieten Alaskas und Russlands gezeugt.

Die Ärzte von Whitehorse hatten keine Ahnung, warum es zu meinem epileptischen Anfall gekommen war. Sie fragten sich, ob das vielleicht die Folgen der exotischen Gewürze in dem nordafrikanischen Gericht waren, das ich an dem Abend genossen hatte. Schlussendlich entließen sie mich aus ihrer Pflege, ohne mir den Grund meines Zusammenbruchs nennen zu können. Fairerweise muss ich auch erwähnen, dass ich völlig vergessen hatte, ein wichtiges Detail, nämlich mein angelesenes Wissen über den Zusammenhang von Stranddreizack und Blausäure, zu erwähnen. Nachdem ich nach diesem leicht verlängerten Heimweg wieder zu Hause in Banff ankam, suchte ich einen Freund und Naturheilarzt auf, dem ich die ganze Geschichte erzählte, inklusive des verwechselten Krauts. Ohne zu zögern erklärte er mir, dass sich sehr wahrscheinlich die Blausäure der Giftpflanze in meiner Leber abgelagert hatte. Der im Rotwein enthaltene Schwefel muss dann auf das gespeicherte Gift in meinem Körper gewirkt und so den Anfall ausgelöst haben. Das war eine Erklärung, mit der ich leben konnte. Zudem verabreichte Rick mir zur gänzlichen Heilung verschiedene Kräuter zur Reinigung meiner Leber. Während dieses Reinigungsprozesses bekam ich für einige Tage hohes Fieber. Auch wenn die Geschichte ab und zu immer noch in meinem Gehirn aufflimmert, habe ich seither einiges an Rotwein genossen. Einen weiteren Anfall hatte ich auf jeden Fall bisher nicht mehr zu verzeichnen.

Wenn ich heute in einer Küstenwiese diese beiden Pflanzen – Strandwegerich und Stranddreizack – antreffe, erscheint es mir unmöglich, sie miteinander zu verwechseln. Doch das ist auch gut so, denn alles andere würde bedeuten, dass nichts Lehrreiches von diesem Zwischenfall hängen geblieben ist.

In meinem Fall hatte ich schlussendlich Glück im Unglück. Dieses Missgeschick bescherte mir eine wunderbare Tochter, ohne die mein Leben weniger reich wäre, als es heute ist. Doch nicht jeder kommt so glimpflich davon. Deshalb sollten alle, die sich von der Natur ernähren, Vorsicht walten lassen. Doch lasst euch deswegen nicht davon abhalten, das Abenteuer zu suchen. Wie heißt es so schön? Learning by doing.

Ich habe euch noch eine Anekdote zu Goosetongue nachzuliefern. Jahre zuvor benannte ich einmal einen jungen Braunbärwaisen nach dieser Pflanze. Goosetongue war die erste Pflanze, die der nur wenige Monate alte Bär zu sich nahm, als ich ihn zum ersten Mal beobachtete. Er war vermutlich zum Waisen geworden, weil er in dieser dichten Bärenpopulation seine Mama verloren hatte. Mir war zudem klar, dass der Kleine in diesem Alter allein praktisch keine Überlebenschancen haben würde. So entschied ich mich zu helfen.

Die Besitzer einer bescheidenen Lodge entlang Alaskas Katmai-Küste heuerten mich damals an, um die Bären in der nahe gelegenen Seggenwiese zu erforschen. Ziel dieser Studie war es, ein besseres Verständnis für diese Bären in Bezug auf Störungen durch Menschen zu entwickeln und mit meinen Empfehlungen die Situation für Mensch und Tier zu verbessern. Mein neuer Freund Goosetongue gehörte dieser Population an. Er verbrachte seine Tage weit entfernt vom besten Lebensraum, wo sich die großen Burschen tummelten. Ich traf ihn immer wieder. Es dauerte einige Tage, bis er Vertrauen in mich gewann und nicht mehr bei jedem Besuch auf den nächsten Baum flüchtete.

→
Silberlachse für Goosetongue.

↓
Goosetongue, als ihn der Autor am Strand entdeckte.

Allerdings versuchte ich gleichzeitig, meine Zeit mit dem Jungen auf ein Minimum zu reduzieren, denn nicht alle Menschen, die in dieser Gegend wohnten, waren den Bären wohlgesinnt. Ich suchte Goosetongue nur noch auf, wenn ich frische Lachse für ihn hatte. Zusammen mit Sam, einem einheimischen Ureinwohner, der die Erlaubnis hatte, ein Netz zur Existenzsicherung einzusetzen, fing ich regelmäßig Silberlachse. Einige davon spendeten wir täglich Goosetongue, der die Gaben unter seinem Baum mit Begeisterung annahm.

Alles ging gut mit der Aufzucht, bis es Zeit war für die Rückkehr zu meiner zweibeinigen Familie. Die Lachswanderung war zu diesem Zeitpunkt vorbei, dafür waren Beeren im Überfluss vorhanden, sodass ich mit einem guten Gefühl Richtung Kanada abreiste. Wie es Goosetongue später ergangen ist, habe ich nie erfahren, doch ich hatte wenigstens seine Überlebenschancen um einiges erhöht.

TAGEBUCHEINTRAG, 10. JULI 2000
Park Creek, Alaska

»Goosetongue, das Waisenjunge, frisst Goosetongue (*Plantago maritima*). Er sieht gut aus, könnte aber ein paar zusätzliche Kilos gut vertragen. Goosetongue sollte jetzt ungefähr fünf Monate alt sein. Er zeigte sich vor einigen Wochen zum ersten Mal, schwach und nach seiner Mutter schreiend, bestimmt sehr hungrig. Die Mutter wurde wahrscheinlich von Einheimischen getötet.«

TAGEBUCHEINTRAG, 12. JULI 2000
Park Creek, Alaska

»Goosetongue wieder beim Fressen beobachtet. Er scheint sehr nervös. Wird wohl von anderen Bären gemobbt.«

TAGEBUCHEINTRAG, 13. JULI 2000
Park Creek, Alaska

»Goosetongue beim Fressen. Ist weggerannt. Ich habe ihm drei Stücke Lachs unter seinen Baum gelegt.«

TAGEBUCHEINTRAG, 14. JULI 2000, NACHMITTAGS
Park Creek, Alaska

»Goosetongue in seinem Baum. Fisch ist weg, stattdessen liegt Goosetongues Kot dort.«

TAGEBUCHEINTRAG, 14. JULI 2000, ABENDS
Park Creek, Alaska

»Er ist nicht mehr in seinem Baum. Habe ihn in der Seggenwiese gesehen. Unsicher, ob er sich von den Seggen ernährt hat. Sam hat mir heute nochmals sechs Lachse gegeben. Goosetongue habe ich den Kaviar dieser Fische unter den Baum gelegt. Ich versuche ihm seine Nahrung so zu geben, dass er sie nicht mit mir in Verbindung bringt.«

Goosetongue ruht sich neben seinem Baum aus.

TAGEBUCHEINTRAG, 15. JULI 2000, NACHMITTAGS
Park Creek, Alaska

»Keine Spur von Goosetongue, doch der Kaviar von gestern ist weg. Keinerlei Hinweise auf einen Kampf, doch ein großer neuer Pfad durchs Gras führt geradewegs zu seinem Baum.«

TAGEBUCHEINTRAG, 24. JULI 2000, NACHMITTAGS
Park Creek, Alaska

»Goosetongue lebt! Er marschiert vom Gebüsch geradewegs vor Papa Charlies startende Cessna am Strand. Als er seinen Fehler realisiert, rennt er zurück Richtung Park Creek, wo ich ihm später wieder Fische hinlege. Zwei Stunden danach ist der Lachs gefressen, und ich beobachte ihn, wie er Heidelbeeren (*Vaccinium alaskaense*) und Krähenbeeren (*Empetrum nigrum*) frisst.«

MAULTIERHIRSCHBURGER MIT MORCHELN UND LÖWENZAHN-WEIDERÖSCHEN-SPROSSEN-SALAT

FÜR 4 PERSONEN

200 g frische oder getrocknete Morcheln (*Morchella esculenta*)
400 g Maultierhirsch (*Odocoileus hemionus*), gehackt
2 Prisen Meersalz
2 EL Sonnenblumenöl
2 Handvoll Weideröschensprossen (*Epilobium angustifolium*)
4 Handvoll Löwenzahnblätter (*Taraxacum officinale*)
12 Kanadische Veilchen (*Viola canadensis*)
120 g Walderdbeeren (*Fragaria chiloensis*)
2 EL Walnussöl
1 EL Balsamicoessig
4 Castilleja (Sommerwurzgewächs; *Castilleja miniata*)

Falls getrocknete Morcheln verwendet werden, diese 1 Stunde einweichen.

Das Fleisch leicht salzen, zu je 100 Gramm schweren Burgern formen und diese im Sonnenblumenöl auf beiden Seiten etwa 4 Minuten braten. Die Morcheln halbieren und zusammen mit dem Fleisch sautieren.

Weideröschensprossen, Löwenzahnblätter, Veilchen und Erdbeeren in einer Schüssel mit dem Walnussöl, dem Balsamicoessig und etwas Salz mischen.

Die Burger mit dem Salat anrichten. Zum Schluss die Castillejablüten klein schneiden und auf die Teller streuen.

Orange = keine Bärennahrung
Schwarz = Bärennahrung

Varianten

Als Alternative zum Maultierhirsch kann man jegliches Wildfleisch verwenden. Weideröschen und Löwenzahn können durch Rucola und Spinat ersetzt werden, statt Veilchen und Castilleja kann man andere essbare Blüten nehmen.

Bärennahrung

Bären töten Beutetiere nur selten selbst. Meist fressen sie kranke, verletzte oder natürlich verendete Tiere oder übernehmen die Kadaver von Wölfen oder anderen Raubtieren. Dass weder Walnussöl noch Balsamico auf dem Speiseplan von Bären stehen und Sonnenblumenkerne in Regionen, wo Bären leben, nicht als Teil von Vogelfutter verwendet werden sollten, wurde schon auf Seite 87 thematisiert.

→
Bären und Menschen sind sich in vielen Belangen ähnlich.

→
Dieser große Bursche hat schon viel Speck auf den Rippen, und es ist erst Frühling.

Gerne vergleiche ich uns Menschen mit Bären, eigentlich mit dem stetigen Wunsch, dem Menschen dieses Tier vertrauter zu machen. Immerhin teilen wir mit Bären ungefähr fünfundachtzig Prozent unserer DNA. Vom Verhalten her gibt es viele Ähnlichkeiten, und auch unsere Nahrungsgrundlagen gleichen einander sehr, was anhand dieses Buches hoffentlich klar wird. Was uns jedoch grundlegend voneinander unterscheidet, ist, dass der Mensch keine Winterruhe hält.

Im Sommer und Herbst Fett anzusetzen, ist für Bären eine äußerst wichtige Überlebensstrategie, um den Winter zu überstehen. Für uns Menschen hingegen bedeutet das Ansetzen von zu viel Fett oft das Gegenteil, nämlich entweder gesundheitliche Probleme oder sogar den Tod. Wie schaffen es diese Tiere, die in den nördlichen Regionen unserer Hemisphäre bis zu sieben Monate Winterruhe halten, ohne einen einzigen Bissen nicht nur zu überleben, sondern im Frühling gar noch mit ordentlich Winterspeck auf den Rippen wieder aus ihren Erdlöchern aufzutauchen?

Bären haben die Fähigkeit, sich mit den kalorienreichsten Nahrungsmitteln vollzufressen und dann für Monate zu schlafen, ohne dass sie dabei an Fettleibigkeit oder anderem leiden. Im Gegenteil, meist sind sie kerngesund. Das scheint nicht fair zu sein. Wie können diese Tiere jeden Sommer bis zu dreißig Prozent ihres Körpergewichts zulegen – ohne deswegen an Diabetes oder anderen Krankheiten zu erkranken? Während ihrer Hyperphagie, der Phase im Sommer und Herbst, wo sie den Großteil ihres Fettpolsters anlegen, können sie pro Tag bis zu 30 000 Kalorien in sich hineinschaufeln. Beim Menschen kann eine solche Maßlosigkeit nicht nur zu Diabetes führen, sondern oft auch zu Herzproblemen.

Bären können ihre Insulinempfindlichkeit steuern. Das ist sehr interessant, und es ist auch verständlich, dass wir gerne wissen möchten, welche Tricks Bären diesbezüglich auf Lager haben. So könnten wir wohl vielen Menschen in ihrem Leiden helfen, doch leider geschieht das auf Kosten von Bären in Gefangenschaft, die sich Tierversuchen unterziehen müssen. In einer Studie der Universität von Washington wurden einigen Bären kleine Mengen von Insulin gespritzt, woran sie aufgrund ihrer hohen Empfindlichkeit dagegen fast verendeten. Dabei handelte es sich um Grizzlys, die einmal in freier Wildbahn zu Hause waren und dann eingefangen und eingesperrt wurden, weil sie sich zu oft in der Nähe von Menschen aufhielten. Egal, welche Informationen wir aus solchen Experimenten gewinnen können – ich finde dieses Vorgehen sehr fragwürdig.

Es ist nun Anfang Februar, als ich diese Zeilen schreibe, und damit ungefähr die Zeit, in der Bärinnen normalerweise ihre Jungen in der Dunkelheit ihrer Winterhöhlen zur Welt bringen. Heute erreichte mich eine Nachricht aus dem Norden von Spanien, wo eine Mutter mit einem Jungen gesichtet wurde. Der Freund, der dort schon lange als Bärenbiologe arbeitet, schrieb weiter: »Bären hier betreiben oft keine Winterruhe mehr.«

1994 arbeitete ich für den kanadischen Nationalparkservice. Ich entdeckte in meinen zahlreichen Tagebüchern unten stehenden Eintrag von einem Überwachungsflug, auf dem wir mit einem Sender versehene Bären orteten.

TAGEBUCHEINTRAG, 10. APRIL 1994
Banff-Nationalpark

»#16 (männlicher Grizzly) scheint aktiv (Signal) zu sein, ist aber noch in seiner Höhle. Habe den Standort der Höhle festgenagelt. Blondy (weibliche Grizzlybärin) ist ebenfalls noch in ihrer Höhle. Aktives Signal. Keine Spuren im Schnee.«

↑
Der Autor in einer russischen Winterhöhle.

←
Muttermilch, die bis zu einem Viertel aus Fett besteht, ist überlebenswichtig für die Jungen.

In vielen Regionen der Welt wird die Winterruhe der Natur immer kürzer oder verschwindet teilweise ganz. Auch hier im Nationalpark im Herzen der kanadischen Rockies haben wir soeben zwei Wochen lang Rekordtemperaturen erlebt. Bis zu vierzehn Grad zeigte das Thermometer in einer Zeit an, wo eigentlich tiefster Winter herrschen sollte. Das ist lange und warm genug, dass sich sicherlich einige Bären aus ihren Höhlen wagten. Wie sich das immer wärmer werdende Klima in Bezug auf die Winterruhe in Zukunft auswirken wird, weiß man noch nicht. Doch eines ist klar: Je weniger Zeit ein Bär in der Sicherheit seiner Höhle schlummert, desto größer ist die Möglichkeit, dass es außerhalb zu Konflikten mit uns Zweibeinern kommt.

Wenn Murmeltiere im Herbst erst einmal für den langen Schlaf unter die Schneedecke verschwunden sind, wachen sie nur noch ungefähr einmal alle zwei Wochen auf, um schnell ihre eingebaute unterirdische Toilette zu benutzen. Ihr Herzschlag sinkt von durchschnittlich hundertfünfzig Schlägen pro Minute auf nur noch drei oder vier. Im Vergleich zur Winterruhe der Bären betreiben diese Nagetiere einen wahrhaftigen Winterschlaf.

Es ergibt Sinn, dass eine Bärin, die in der Winterhöhle gebiert, nur im Halbschlaf ist. So kann sie sich, sobald sie gegen Ende Januar geboren hat, um ihre winzigen, unbehaarten und blinden Schützlinge kümmern und sie säugen. Für mich werden Bären immer zweimal geboren. Die zweite Geburt findet statt, wenn die Neugeborenen im Frühling aus dem Leib der Erde kriechen und zum ersten Mal das Tageslicht erblicken. Zu diesem Zeitpunkt, etwa zwei oder drei Monate nach der wirklichen Geburt, haben sich die Jungen schon zu den knuddeligen, süßen Fellbündeln entwickelt, die die halbe Welt zu Tränen rühren.

Am Tag ihrer Geburt fangen die Jungen im Schutz ihrer Höhle an zu saugen. Geboren als pfundschwere, pinke Bündel, bringen junge Grizzlys drei Monate später schon rund fünf Kilogramm auf die Waage. Die reichhaltige Muttermilch, die zwischen zwanzig und dreißig Prozent Fett enthält, ist der Grundstein für dieses rasante Wachstum. Sobald die Familie die Höhle verlassen hat, verbrauchen die Kleinen mehr Energie, weil der Stoffwechsel stärker angeregt wird. Im Juni trinken die Jungen pro Tag schon ungefähr 1,5 Liter Muttermilch. Bei zwei Jungen ist das eine große Menge Kalorien, die Mamabär, die zu dieser Jahreszeit meist noch von ihren letztjährigen Fettreserven lebt, produzieren muss.

Bären verwenden, je nach Region, Geologie und Topografie, unterschiedliche Unterschlupfe als Winterhöhlen. Während Grizzlys in den Rockies meist Erdhöhlen in steil abfallende Hänge nahe der Baumgrenze graben, bevorzugen Schwarzbären an der Küste großräumige Wurzelstöcke von alten Baumriesen. Auf der Prince-of-Wales-Insel im Südosten Alaskas fand man eine Höhle im Wurzelstock einer uralten

↑
In Regionen, wo aus Klimagründen wenig oder kein Schnee mehr fällt, halten Bären nicht mehr regelmäßig Winterschlaf.

←
Zwei Junge mit Milchschnäuzen nach dem Säugen.

Scheinzypresse (*Callitropsis nootkatensis*). Das Alter dieses Baumriesen wurde auf vier- bis fünfhundert Jahre geschätzt, die Höhle wird seit möglicherweise mehr als zweihundert Jahren von etlichen Generationen von Schwarzbären verwendet. Ein besseres Argument, keine weiteren Urwälder mehr abzuholzen, gibt es wohl nicht.

In der Arktis Kanadas und Alaskas, wo die Landschaft überwiegend flach ist, haben sich Grizzlybären darauf spezialisiert, in den Seitenwänden von Pingos, durch Permafrost entstandene kleine vulkanähnliche Hügel, zu überwintern. Europäische Braunbären wiederum schlafen gerne in natürlichen Karsthöhlen oder baggern sich ebenfalls Erdhöhlen im steilen Gelände.

Die Asiatischen Schwarzbären, die ich zwischen 2013 und 2015 in der Taiga im Fernen Osten Russlands zusammen mit dem Biologen Sergey Kolchin auswilderte, wählten ausschließlich ausgehöhlte Lindenbäume für die Winterruhe aus. Im Herbst kundschafteten diese Waisenkinder wieder und wieder größere Bäume aus, indem sie hoch hinaufkletterten und ihren Kopf in jeden Hohlraum steckten. Oft klettern diese sehr gewandten Bären sogar bis hoch in die Baumkrone. Finden sie eine Astöffnung, steigen sie im Inneren der Linde wieder hinunter, oft bis an die Basis des Baums, wo sie sich dann ihr winterliches Nest einrichten. Unsere Jungen merkten sich den Standort von jeder der gefundenen Unterkünfte genau.

Es war der 6. November, als die Waisenjungen damals in ihrer ersten Solohöhle für den Winter verschwanden. Miss Piggys ausgewählte Baumhöhle befand sich nur ungefähr vier Meter über dem Boden, das

WINTERRUHE **189**

Miss Piggy hat die ideale Winterhöhle gefunden.

Ein kanadischer Grizzly auf der Suche nach einem ruhigen Winterlager.

Eingangsloch war gut sichtbar. Dort brachte Sergey eine Wildtierkamera an, um diese vor Selbstvertrauen strotzende junge Dame während der kalten Jahreszeit überwachen zu können. Über den Winter wurden die Bilder auf dieser Kamera von Sergey regelmäßig heruntergeladen. Wir waren hochgradig überrascht, als wir im April des nächsten Jahres eine Bildserie fanden, die zeigte, wie ein ausgewachsener Amurtiger den Baum hochsprang und mit einem Blick durch den Eingang von Miss Piggys Höhle ihren sicher geglaubten Unterschlupf inspizierte. Tatsächlich fanden wir zwei Bildserien derselben Riesenkatze bei dem Baum. Mit hoher Wahrscheinlichkeit war die gute Miss Piggy noch im Herbst diesem Tiger zum Opfer gefallen. Aufgrund dieses Jagderfolgs kehrte er nun von Zeit zu Zeit zurück, um die Höhle zu erkunden.

Das war natürlich nicht so geplant, doch auch Tiger müssen fressen. Zum Trost dachte ich mir, dass diese junge Bärin immerhin ein ganzes Jahr in freier Wildbahn statt eingesperrt in einem Zoo verbringen konnte. Und außerdem half sie dabei, eine vom Aussterben bedrohte Art über die Runden zu bringen.

Verschiedene Aspekte der Winterruhe von Bären und von einigen anderen Arten sind nach wie vor noch nicht vollständig geklärt. Doch vielleicht sollten einige dieser Geheimnisse bestehen bleiben, sodass wir uns stattdessen auf den Schutz dieser Tiere konzentrieren können.

TAGEBUCHEINTRAG, 30. OKTOBER 2013
Provinz Chabarowsk, Russland

»... dann überquerte ich das Tal zurück auf die Ostseite des Flusses, um der Holzfällerstraße zurück ins Camp zu folgen. An der Stelle, wo ich zuvor den Tigerkot gefunden hatte, war der Schnee nun komplett geschmolzen. Ich war überrascht, eine zweite Losung, die vorher vom Schnee verdeckt gewesen war, zu entdecken. Als ich diese näher untersuchte, fand ich eine kleine Bärenkralle einer Hinterpfote. Das Alter des Kots war schwierig zu schätzen, doch wahrscheinlich war er ungefähr drei Wochen alt ...«

CHORIZO VOM MAULTIERHIRSCH MIT SÄUERLINGSALAT UND HUNDSZAHNKNOLLEN

FÜR 4 PERSONEN

100 g Sonnenblumenkerne
20 Großblütige Hundszahn-
  knollen (*Erythronium
  grandiflorum*)
Butter
4 Maultierhirschchorizos
4 Handvoll Säuerling-
  oder Sauerampferblätter
  Oxyria digyna)
1 EL Sonnenblumenöl
1 EL Walnussöl
1 EL Balsamicoessig
1 Prise Meersalz
4 Wildrosenblüten

Die Sonnenblumenkerne in einer Pfanne ohne Fett anrösten, dann abkühlen lassen.

Die Hundszahnknollen gründlich waschen und die Haut entfernen. In Wasser 4 Minuten kochen oder dämpfen, dann in wenig Butter schwenken.

Die Chorizos etwa 7 Minuten grillen.

Orange = keine Bärennahrung
Schwarz = Bärennahrung

Den Säuerling oder den Sauerampfer und die Sonnenblumenkerne mit dem Öl, dem Essig und dem Salz mischen. Die Hundszahnknollen obendrauf geben. Die Blütenblätter der Rosen abzupfen und über den Salat streuen. Die gegrillten Chorizos daneben anrichten.

Varianten
Den Säuerling beziehungsweise Sauerampfer durch Rucola und/oder Kresse ersetzen. Anstelle von Sonnenblumenkernen können auch Pinienkerne oder andere Nüsse verwendet werden. Röstet man diese, ergibt sich ein viel stärkeres Aroma. Anstelle der Wildrosenblüten kann man jede andere essbare Blüte verwenden. Je nachdem, wo man zu Hause ist, sind gewisse Pflanzen selten oder wenig verbreitet. In diesem Fall sollten sie nicht verwendet werden. Egal, was man pflückt, man sollte nie alles nehmen, was die Natur anbietet. Immer daran denken, dass unsere vierbeinigen und fliegenden Freunde diese Pflanzen vielleicht mehr benötigen als wir.

Bärennahrung
Außer der Butter kann alles als Bärennahrung betrachtet werden.
Säuerling ist reich an Zink, Eisen und Vitamin C und wird möglicherweise von Bären auch als Heilpflanze verwendet.
Die Hundszahnknollen werden von Grizzlybären normalerweise im Frühling oder im Frühsommer im hochgelegenen subalpinen oder alpinen Raum ausgegraben. Sobald die Pflanze blüht, wird ihre Kraft von der Wurzel in die Blüte transferiert, und somit ist die Knolle für den Bären nicht mehr interessant.

Zu Sonnenblumenkernen, Walnussöl und Balsamicoessig als Bärennahrung habe ich mich schon auf Seite 87 hinlänglich geäußert.

BÄREN ESSEN KEINE PILZE! ODER DOCH?

Im Film »Der Bär« von Jean-Jacques Annaud nascht ein kleiner Jungbär Fliegenpilze (*Amanita muscaria*) und erlebt dann einen richtigen Trip! Muscimol ist der Hauptwirkstoff des Fliegenpilzes und kann neben Visionen auch Lähmungen, Krämpfe oder Angstzustände auslösen. Es kann gut sein, dass Wildtiere wie Bären Halluzinogene in Form von Pflanzen zu sich nehmen, versehentlich oder auch bewusst.

Beim Fliegenpilz kann starker Regen die weißen Schuppen auf der roten Kappe abwaschen, sodass der Schwamm nun plötzlich dem Kaiserling (*Amanita caesarea*) ähnelt, der vor allem in Europa als sehr beliebter Speisepilz gilt. In Slowenien zum Beispiel werden neunzig Prozent der Pilzvergiftungen der Verwechslung dieser beiden Arten zugeschrieben. Es kann also von großer Bedeutung sein, dass man weiß, was man pflückt.

Ich erinnere mich gut an den Tag, als ich Gena, einer unserer Braunbärenwaisen im russischen Kamtschatka, beim Fressen der Blüten von Borsten-Schwertlilien (*Iris setosa*) zuschaute. Ich ahmte dann, im Stil der Prärievölker, die oft die Nahrungsaufnahme von Grizzlys kopieren, dieses Verhalten nach, und aß eine dieser prächtigen tiefvioletten Blüten.

Kurze Zeit danach brannten mein Mund und Rachen so arg, dass ich so weit weg von der Zivilisation Angst bekam. Charlie Russell, mein Partner auf dieser Expedition, und ich waren zu diesem Zeitpunkt nicht nur etliche Kilometer von unserer Hütte entfernt, sondern hatten zudem auch keinerlei Kommunikationsmittel wie zum Beispiel ein Satellitentelefon, um nach Hilfe zu rufen – auf die wir an diesem abgelegenen Zipfel der russischen Halbinsel so oder so vergebens gewartet hätten.

→
Die Nähe zu den Jungtieren eröffneten dem Autor Einblicke ins Bärenleben, von denen er nur hatte träumen können.

↓
Iris setosa, an deren Blüten sich der Autor seinen Rachen verbrannte.

Glücklicherweise verschwanden die beängstigenden Symptome jedoch nach etwa zwei Stunden wieder. Was geschehen wäre, wenn ich mehrere Blüten zu mir genommen hätte, möchte ich mir nicht ausdenken.

Mit brennendem Rachen realisierte ich danach, dass die gute Gena nur wenige Blüten zu sich genommen hatte und dann für den Rest des Tages diese hier allgegenwärtige Pflanze komplett ignorierte. Sie wusste also genau, wie viel ihr Körper von dem Gift Iridin, das in dieser Pflanze enthalten ist, vertragen konnte. Es kann auch sein, dass Gena an diesem Tag experimentierte.

Vieles, was Bären in ihrem Leben tun, hat ihnen die Mutter beigebracht. Doch unsere Waisenjungen hatten dieses Glück nicht, denn ihre Mütter wurden von Wilderern getötet, als die Kleinen noch in den Winterhöhlen waren. So mussten die Bärenjungen alles selbst oder ganz begrenzt von uns Zweibeinern lernen. Wir zeigten ihnen nicht unbedingt direkt die richtigen Bärenpflanzen, sondern führten die Jungbären dorthin, wo sich der passende Lebensraum befand. Zum Beispiel wanderten Charlie und ich gerne mit unseren pelzigen Begleitern in ein kleines Seitental nördlich unserer Hütte am Kambalnoy-See. Distanzmäßig war es kein großer Marsch, doch weil unsere Jungen ständig etwas im Schilde führten, benötigten wir für die zehn Kilometer jedes Mal drei oder vier Stunden. Entweder jagten sie Enten nach, gruben nach Nagetieren oder sie spielten in den vielen kleinen Seen, die neben unserem Weg lagen. Und wenn sie müde waren, dann legten sich alle irgendwo in die weiche Tundra, umgeben von Flechten und Moos in den wunderschönsten Farbkombinationen. Und Charlie und ich warteten geduldig, bis unsere Prinzen und Prinzessinnen ihr Schönheitsschläfchen hinter sich hatten.

Endlich angekommen im vorher erwähnten Tal, packten Charlie und ich unsere mitgebrachten Säcke aus und fingen an, den hier reichlich vorhandenen Sauerampfer (*Oxyria digyna*) zu pflücken, der eigentliche Grund dieser Exkursion. Normalerweise pflückten wir einen ganzen Rucksack von diesem vitaminreichen Kraut, denn in diesem kleinen, sattgrünen Tal wuchs praktisch nur Sauerampfer. Diese Pflanze war mir schon lange bekannt. Doch überall, wo ich sie vorher gesammelt und gegessen hatte, handelte es sich um subalpines Gelände. Hier an der Südspitze der Kamtschatka-Halbinsel gleicht die Vegetation auf nur dreihundert Metern über dem Meer schon der subalpinen Flora Europas, die dort erst auf einer Höhe von ungefähr zweitausend Metern gedeiht. Die klimatischen Verhältnisse sind hier stark vom nahe gelegenen Ochotskischen Meer im Westen und vom Nordpazifik im Osten beeinflusst, was sich auch an der Vegetation erkennen lässt. *Oxyria digyna* ist eigentlich eine Pionierpflanze, die dort wächst, wo wenig anderes Fuß fassen kann.

Da wir an diesem sehr abgelegenen Ort höchst selten Besuch hatten, ließ unsere Nahrung während dieser Monate einiges zu wünschen übrig. So versuchten wir unseren Speiseplan durch das zu bereichern, was die Natur hergab. Viel war das nicht. Saiblinge und Lachse waren genügend vorhanden. Die Steinpilze, die die Bären verschmähten, nahmen wir natürlich mit Handkuss. Die meisten Beeren und die extrem begehrten Pinienkerne wurden erst spät im September reif. Deshalb waren wir beide so vernarrt in den Sauerampfer. Vor allem Charlie freute sich immer wie ein Kind auf die erste Schüssel voll Salat, dem wir meist gekochte Eier und, wenn sie dann reif waren, geröstete Pinienkerne beigaben. Neben vielen Nährstoffen ist diese Grünpflanze reich an Vitamin A und C, was für uns, die wir über wenig andere Vitaminquellen verfügten, von großer Wichtigkeit war. Sauerampfer war unter anderem auch unsere Medizin gegen Skorbut.

Die Effizienz der Bären ist etwas Wunderbares. Schaut man einem Bären zu, wie er oder sie sehr gemächlich, ja manchmal fast im Zeitlupentempo, einen Lachsfluss entlangschlendert und dann plötzlich in

Bruchteilen einer Sekunde losprescht, um sich einen Lachs aus dem Wasser zu ziehen, versteht man, was das Wort Effizienz bedeutet. Nach sechs Monaten Winterruhe würden wohl auch wir uns etwas effizienter durch die Landschaft bewegen. So war das auch mit unseren Jungen beim Pflücken vom Sauerampfer. Vor allem die Anführerin Gena und teilweise auch Sky versuchten, uns das Kraut aus unseren Säcken zu stehlen, statt dass sie es mühselig selbst pflückten.

Wenn es um die Nahrungsaufnahme geht, experimentieren Bären manchmal auch, vor allem dann, wenn sie ohne Mutter aufwachsen. So kann es sein, dass Bären durch Probieren auf den Geschmack von Pilzen kommen.

Oft werde ich gefragt, ob Bären Pilze essen. Noch vor wenigen Jahren habe ich diese Frage stets mit einem klaren Nein beantwortet. Hauptsächlich, weil ich in den vergangenen Jahren Dutzende von Bären in Alaska und Russland beobachtet hatte, die an den herrlichsten Steinpilzen vorbeimarschierten, ohne diese auch nur eines einzigen Blickes zu würdigen. Bis mich Dr. David Mattson eines Besseren belehrte. Dave war über lange Zeit der Bärenbiologe im Yellowstone-Nationalpark und setzt sich auch nach seiner Pensionierung vor einigen Jahren sehr zielstrebig, überzeugend und pausenlos für den Schutz von Grizzlys

Hier pflückten Charlie Russell und der Autor Sauerampfer zur Verwendung als Salat.

ein. Zusammen mit seiner Frau Louisa Willcox veröffentlichte er unzählige wissenschaftliche Arbeiten, Berichte, Blogs und Newsletter, immer mit dem Fokus darauf, dass Bären als Schlüsselart und Symbol von intakter Wildnis besser verstanden werden. Die Website *Grizzlytimes.org* beinhaltet lediglich einen kleinen Teil ihres Wirkens der letzten Jahre. Louisa und Dave ist es hauptsächlich zu verdanken, dass der Yellowstone-Grizzly in den letzten zwanzig Jahren trotz vehementen Drucks nicht wieder legal bejagt werden durfte.

Zum Thema Bären und Pilze sagte Mattson mir also, dass anekdotische Beweise aus europäischen und asiatischen Gebieten existieren, wo Bären Pilze zu sich nahmen. Was man nicht vergessen darf, ist, dass der Bär, genau wie der Mensch auch, ein Anpassungskünstler ist. Deshalb ergibt es auch Sinn, dass Bären bei Nahrungsknappheit sehr wahrscheinlich mehr Pilze zu sich nehmen als sonst. Mattsons Studie, die Daten zwischen 1977 und 1996 berücksichtigte, zeigt unter anderem auch auf, dass hauptsächlich subadulte Weibchen auf den Geschmack von Pilzen gekommen sind. Es ist von wissenschaftlicher Seite her nicht bekannt, warum das so ist. Da die Lebensraumabschnitte, wo diese Bärinnen Pilze fraßen, normalerweise nicht von dominanten Männchen besetzt wurden, kann es sein, dass der Grund für dieses Verhalten Risikovermeidung war. Oder vielleicht sind Weibchen einfach die raffinierteren Feinschmeckerinnen. Mattson und sein Team fanden Hinweise, dass Yellowstone-Grizzlys neben Trüffeln auch Gattungen von Schmierröhrlingen, Täublingen, Ritterlingen und Milchlingen zu sich nahmen.

Bären lernen vieles von der Mutter, doch was ihre Nahrung angeht, kommen sie auch ohne deren Lektionen zurecht.

In Nordamerika sind Schwarzbären des Öfteren beim Verzehr von Pilzen beobachtet worden. Aus Québec wurde erzählt, wie ein Holzfäller mehreren Schwarzbären beim Fressen von Morcheln, die hier zahlreich in Waldbrandgebieten wachsen, zugeschaut hat. Doch mehr als nur der zufällige Verzehr von Pilzen durch Bären ist wissenschaftlich bisher nur von Grizzlys aus dem Yellowstone-Gebiet bekannt.

Dieses Verhalten erinnert mich an einen Sommer vor ein paar Jahren, als in den Küstenurwäldern des Tongass National Forest in Alaska an vielen Stellen der Waldboden aufgerissen war. Aufgrund von fehlender Nahrung buddelten die Braunbären Insektennester aus und vertilgten die eiweißreichen Eier und Larven von Wespen- und Wildbienenarten. Vieles, das für das menschliche Auge und allgemein für unsere Sinne verborgen bleibt, kann der Bär mit seinem feinen Geruchssinn wahrnehmen. Man sagt, dass Bären hundertmal besser als Hunde riechen können, und die riechen schon um ein Vielfaches besser als wir Zweibeiner. Ich denke oft, würden wir all das sehen, was Bären riechen, hätten wir wohl einen zünftigen Schock.

Noch einmal zurück zum Thema Bären und Pilze. Zu den Pilzen gehört auch der Trüffel, jene schwarze, wohlriechende und sündhaft teure Knolle, die von Hunden oder Schweinen ausgegraben wird. Wie schön wäre es, wenn man Bären mit ihrem außergewöhnlichen Geruchssinn als Trüffelhunde einsetzen könnte! Wobei – das könnte man sicherlich tun, doch würden die Bären die leckeren Trüffel wohl nicht hergeben.

Als ich nach meiner Lehre als Koch und vor meiner Auswanderung nach Kanada im Savoy Baur en Ville am Paradeplatz in Zürich arbeitete, kam regelmäßig ein Franzose aus dem Périgord beim Küchenchef zu Besuch. Sein kleiner Korb, den er stets mit sich trug, war mit wertvollen Périgord-Trüffeln gefüllt. Die beiden tuschelten miteinander wie zwei kleine Kinder bei der Planung eines Streiches. Als junger Mann kam mir das Ganze immer geheimnisvoll vor. Diese Geheimniskrämerei ist vielleicht auch keine Überraschung, wenn man weiß, dass der weiße Alba-Trüffel als teuerstes Nahrungsmittel der Welt gilt. Der Périgord-Trüffel, der preismäßig an zweiter Stelle steht, soll je nach Erhältlichkeit zwischen achthundert und zweitausend Euro pro Kilo kosten. Für einen Teller *Linguine con Tartufo Nero* bezahlen viele ein halbes Vermögen.

WILDENTE AUF PREISELBEER-WILDAPFEL-SAUCE MIT EIERSCHWÄMMEN

Orange = keine Bärennahrung
Schwarz = Bärennahrung

FÜR 4 PERSONEN

500 g Wildäpfel (*Malus fusca*)
100 g Preiselbeeren (*Vaccinium oxycoccos*)
200 ml Apfelsaft
Wasser nach Belieben
100 g Honig
½ Zwiebel
3 EL Sonnenblumenöl
400 g Eierschwämme (Pfifferlinge; *Cantharellus formosus*)
Butter
4 Wildentenbrüste (im Bild Nordamerikanische Pfeifente, *Mareca americana*)
4 Prisen Meersalz

Die Wildäpfel vierteln, die Kerngehäuse entfernen. Mit den Preiselbeeren, dem Apfelsaft und nach Bedarf etwas Wasser weich kochen. Den Honig dazugeben und alles zu einer Sauce pürieren, dabei einige Beeren zum Garnieren zurückhalten.

Die Zwiebel hacken und in wenig Öl andünsten. Die Eierschwämme gründlich waschen, zerkleinern und dazugeben, dann wenig Butter hinzufügen.

Die Entenbrüste im restlichen erhitzten Öl anbraten, dann die Temperatur herunterschalten und die Entenbrüste langsam mit Deckel etwa 8 Minuten zu Ende braten. Noch ein wenig Butter dazugeben. Die Entenbrüste auf der Sauce anrichten und mit den beiseitegelegten Preiselbeeren garnieren.

Varianten

Statt Wildente kann man die Brust von domestizierten Enten oder Hühnerbrust verwenden. Hat man keine Wildäpfel, einfach eine andere beliebige Apfelsorte verwenden.

Bärennahrung

Zum Thema »Bären und Pilze« wurde hier im Kapitel bereits einiges gesagt.
Preiselbeeren wachsen hier in Kanada und in Alaska oft in dichten Teppichen und werden von Bären vor allem im Spätherbst gerne gefressen.
Enten sind nicht Teil des alltäglichen Speiseplans der Bären, doch als Allesfresser ergreifen diese jede Möglichkeit, sich Energie zuzuführen. Manchmal finden sie natürlich verendete Tiere, was sie dankbar annehmen. In Russland hatte Sky, eine der verwaisten Jungbärinnen, einmal eine schwimmende Ente auf einem Teich erwischt. Das erforderte Geschick!

BÄREN ESSEN KEINE PILZE! ODER DOCH?

Der Bär hatte seine Nase unter der Wasseroberfläche und hielt ganz still. Ich war nahe genug, dass ich seine Augen beobachten konnte und wie er etwas für mich Unsichtbares über dem Wasser fokussierte. Plötzlich sprang das Tier aus dem Stand in die Luft, sodass seine vier Pfoten aus dem Wasser kamen, während sein Kopf für zwei, drei Sekunden wild hin und her schwang. Das wiederholte der Bär mehrfach. Zwischendurch spurtete er spielerisch einige Meter durchs knietiefe Nass, bis er die ganze Schnorchelzeremonie wiederholte. Ein solches Verhalten hatte ich zuvor noch nie beobachtet. Vor allem konnte ich mir nicht vorstellen, was es bedeuten sollte. Bis ich mich mit meinem Feldstecher auf ungefähr zwanzig Meter näherte. Bremsen! Der Braunbär wurde von einem kleinen Bremsenschwarm belästigt. Die fast unbehaarte Nase ist des Bären sensibelster Körperteil, was stechende Insekten angeht. Er war schlau genug, um zu testen, ob die Insekten, wenn er seine Nase außer Reichweite für sie hielt, das Weite suchen würden und er in Ruhe seine Nahrungssuche fortsetzen könnte.

Solche Mengen an Bremsen entwickeln sich nur während Trockenperioden. Im Tongass-Regenwald sollte es regnen, nicht wochenlang heiß und trocken sein, sodass solche Situationen entstehen.

In diesem Fluss wuchsen Seggen, die allerdings in der zweiten Julihälfte nur noch wenig an Ballaststoffen hergaben. Aber dieser Fluss hätte eigentlich vor Lachsen brodeln sollen. Doch bei dem tiefen Was-

→
Beim Ruhen bedecken Bären oft ihre Nase mit den Pranken – als Schutz gegen Insekten.

↓
Meist ist es die unbehaarte Bärennase, die von Mücken und anderen Insekten malträtiert wird.

serstand warteten die Lachse an der Mündung auf Regen und somit einen höheren Wasserstand und kältere Temperaturen, um sich ihr Laichgewässer zurückzuerobern. Es war ein außergewöhnlich heißer Tag im Südosten Alaskas, ohne eine einzige sichtbare Wolke am Horizont, die etwas Abkühlung versprochen hätte. Dieses für diese Region sehr warme Wetter hielt noch mehrere Tage an, bis dann endlich Regen kam und sich schließlich einige Lachse einfanden.

Frischwasser in verschiedener Form ist unsagbar wichtig für alles Leben, vor allem in einem Regenwald. Die gemäßigten Küstenregenwälder, von denen es nur noch ganz wenig größere zusammenhängende Flächen gibt, erhalten im Jahr durchschnittlich genau gleich viel Niederschlag wie die tropischen Regenwälder im Süden. Auch gefrorenes Wasser als Schneeflocken in den Wintermonaten fällt in gewissen Jahren nicht mehr viel, wenn überhaupt. Die Decke dieser magisch schönen Schneekristalle ist unter anderem auch für Bären als Isolation gegen die Kälte in ihrer Winterhöhle wesentlich. Später dann, im Frühling, schmilzt diese Schneedecke langsam und speist weit unten den Fjord und hilft somit, die Wassertemperatur, welche für die Lachse ausschlaggebend ist, zu regulieren.

↓
Ohne sauberes Wasser und saubere Luft ist Leben unmöglich.

Die Schneefelder hoch oben im alpinen Gebiet verzögern in den höheren Lagen zudem den Pflanzenwuchs, sodass Bären und andere Wildtiere der Schneegrenze immer weiter nach oben folgen, um ihre Lieblingskräuter zu fressen. All das fällt weg, wenn der Schnee nicht mehr oder nur noch spärlich fällt. Es ist klar: Ohne Wasser, und damit meine ich frisches, sauberes Wasser, ist Leben unmöglich. Die fortschrei-

↑
Die Krallen der Vordertatze sind einiges länger als die hinteren.

→
Ein Pfeifhase (hier aber eine nordamerikanische Art).

tende Trockenheit in gewissen Regionen wie zum Beispiel auf dem Deosai-Plateau in Pakistan, wo heute noch eine kleine Restpopulation des Himalaya-Braunbären (*Ursus arctos isabellinus*) überlebt, hat große Auswirkungen auf diese ohnehin schon bedrohten Lebensräume.

Ungefähr 2700 Kilometer östlich von diesem Plateau ist ein überaus struppiger, hellbraun gefärbter Grizzly am Graben. Die Landschaft ist so trocken, dass das Tier bei jedem Prankenhieb eine Staubwolke aufwirbelt, die von den heftigen, heißen Windböen umgehend verweht wird. Die starken Krallen des Bären sind auffallend kurz und vorne kantig, nicht wie die meisten Bärenkrallen spitz und abgerundet. Risse haben sich in den Krallen gebildet, weil die Erde, in der dieser Bär die wilden Rhabarberwurzeln (*Rheum nanum*), die er so liebt, ausgräbt, wüstenähnlich trocken und steinig ist.

Die ganze Landschaft hier in diesem Teil der Gobi ist wohl eine der rausten und kargsten Gegenden, in denen Braunbären heute existieren. Im wahrsten Sinne des Wortes reicht dieses Habitat gerade noch zum Überleben. Die Tierwelt hier lebt, obwohl sie sich bestmöglich an die Bedingungen anpasst, am absoluten Rand des Möglichen. Auch für einen Bären, der, was Klimaveränderungen angeht, relativ anpassungsfähig und knallhart im Nehmen ist, ist die Existenz hier in der Gobi alles andere als ein Zuckerschlecken. Die brutalen Verhältnisse umfassen Höchst- und Tiefsttemperaturen, die zwischen plus 46 Grad Celsius im Sommer und minus 40 Grad im Winter bei nur ganz wenig Schnee liegen. Ich würde gar so weit gehen und behaupten, dass dieser Lebensraum für einen Bären eine absolute Zumutung ist.

Die wenigen Gobibären (*Ursus arctos gobiensis*), die sich heute noch ein Leben in dieser Einöde erarbeiten, sind zumindest teilweise auf einige Zusatzfutterstationen angewiesen, die von der mongolischen Regierung vor einigen Jahren eingerichtet wurden. Dort werden den Bären in unregelmäßigen Abständen (um die Tiere nicht daran zu gewöhnen) Getreide, Karotten oder Mais angeboten. Die geschätzte Anzahl Individuen dieser isolierten Population beträgt ungefähr vierzig Tiere, von denen fast alle in einigen der kleinen Oasen innerhalb der »Great Gobi Strictly Protected Area (GGSPA)« verteilt leben. In den letzten Jahren haben die dortigen Meteorologen eine Niederschlagsreduktion von fünfzig Prozent gemessen, was die Wüstenbildung, die dort schon länger im Gange sein soll, noch weiter und schneller vorantreibt. Auch hier gilt also noch deutlicher als überall anders: ohne Wasser kein Leben.

Weitere solcher Überlebenskünstler findet man auf dem Hochplateau von Tibet. Der Tibetbär (*Ursus arctos pruinosus*) muss Riesenlungen haben, denn sein Lebensraum liegt auf einer Durchschnittshöhe von 4500 Metern. Einige dieser Bären haben sich auf die Jagd von Pfeifhasen (*Ochotona himalayana*) spezialisiert, einem Kleinsäuger, der kaum größer als meine Faust und unheimlich schnell ist. Diese kleinen Pfeifhasen sind wunderbare Klimaindikatoren. Sie leben fast überall,

wo sie vorkommen, im höchstgelegenen verfügbaren Habitat. Weiter hinauf können sie nicht. Steigen die Temperaturen weiter an, verlieren sie ihren Lebensraum. So sind diese süßen Steinhasen, wie man sie ebenfalls nennt, durch den fortschreitenden Klimawandel in ihrer Existenz bedroht – und damit auch der Tibetbär, der sich zusätzlich mit etlichen anderen Hürden konfrontiert sieht. Wie zum Beispiel der immer schlechter werdenden Luftqualität.

Während des großen Smogs von London, ausgelöst durch die industrielle Luftverschmutzung in Zusammenwirkung mit einem Hochdruckgebiet, starben 1952 innerhalb von fünf Tagen Tausende von Menschen. Churchill bestand damals auch während dieser Schreckenstage darauf, trotzdem weiterhin Kohle zu verbrennen, um die Illusion einer starken Ökonomie aufrechtzuerhalten. Immerhin verabschiedete das englische Parlament vier Jahre nach dem Unglück den *Clean Air Act*.

Neunundneunzig Prozent der Luft, die wir einatmen, bestehen aus Sauerstoff und Stickstoff. Doch es mischen sich noch andere Gase dazu. Weniger als ein Prozent davon ist Argon, ein Edelgas. Eine einzige Ausatmung eines Menschen enthält Millionen von Argon-Atomen, die dann in der Atmosphäre um die Welt reisen. Ungefähr ein Jahr später nimmt man bei jeder neuen Einatmung um die fünfzehn derselben Argon-Atome wieder auf, die man ein Jahr zuvor auf die Reise um die Erde geschickt hat. Durch diese Erkenntnis realisiert man, wie profund und raffiniert wir alle miteinander verbunden sind. Und anscheinend verbinden uns diese Argon-Atome nicht nur mit den heute existierenden Lebewesen, sondern mit allem, was je gelebt hat, denn dieses Gas verschwindet nicht. Es kann also gut sein, dass dieselben klitzekleinen

Die Familie des Autors im Märchenwald.

Argon-Atome, die schon durch Galileos Lungen gefiltert wurden, nun unsere bereichern. Wir sollten uns täglich vor der Luft verneigen, ihr Hochachtung schenken. Stattdessen müssen wir Millionen von Bäumen pflanzen, um die Luft zu säubern, die wir zuvor so verdreckt haben.

Wissenschaftlerinnen und Wissenschaftler suchten vor Kurzem einen Ort auf unserer Erdkugel, wo die Luft noch nicht verschmutzt ist. Sie wurden im Südpolarmeer um die Antarktis fündig. Insgesamt zeigen uns die Daten, dass das südliche Polarmeer einer von ganz wenigen Orten auf der Erde ist, der bisher nur geringfügig von menschlichen Einflüssen betroffen ist.

Würden wir Luft mit mehr Ehrfurcht behandeln, wenn sie sichtbar wäre? Wohl kaum. Wasser ist auch sichtbar, und trotzdem scheint uns das wenig zu kümmern, weil wir lieber eine gesunde Ökonomie als sauberes Wasser haben. Auch nach Jahren stehe ich fassungslos da, wenn ich auf einem von unseren Bergseen in den Rocky Mountains ein Motorboot entdecke, das gemütlich seine Runden dreht. Vor allem dann, wenn sich das Gewässer in einem Nationalpark befindet. Jedes mit Öl angetriebene Fahrzeug hinterlässt eine Dreckspur. Beeren darf man laut Parkverwaltung nicht pflücken, aber unser Trinkwasser darf man verschmutzen. Eine verkehrte Welt, finde ich.

Ich stand im Flughafen von Chabarowsk im Fernen Osten Russlands, als ich hinter mir deutsche Worte vernahm. Da ich hier normalerweise wenige bis gar keine Touristen antreffe, drehte ich mich um und erkundigte mich bei den beiden Männern, was sie hierherbrachte. Es handelte sich um Hydrologen, die von der Stadt angestellt worden waren, um sich mit der Trinkwasserversorgung für die 620 000 Einwohner von Chabarowsk zu befassen. Diese Großstadt liegt an einem der mächtigsten Flüsse der Erde, dem Amur, doch die Bewohnerinnen und Bewohner trinken Wasser aus Plastikflaschen.

Sieben Millionen Menschen sterben jedes Jahr, weil sie zu viel verschmutzte Luft einatmen. Ohne mit der Wimper zu zucken, steigen wir in ein Flugzeug oder Auto, mich inbegriffen. Wie kann es sein, dass wir Luft und Wasser wissentlich regelmäßig verdrecken, und das legal?

Der historische Beschluss der Vereinten Nationen, dass alle Bewohner der Erde das Recht auf saubere Luft und sauberes Wasser haben, hilft wohl wenig dabei, dass dieser Wunsch in Erfüllung geht. Doch immerhin helfen solche Entscheidungen, genauso wie die verschiedenen Luft- und Wasserschutzgesetze in jedem Land, dass uns dieses Megaproblem bewusster wird. Es ist höchste Zeit, denn Fakt ist, dass heute auch in den abgelegensten Regionen der Welt Luft und Wasser von uns Menschen sehr in Mitleidenschaft gezogen werden.

Dieses Thema erinnert mich an ein Gemälde des kaum bekannten russischen Künstlers und Ethnografen Gennady Pavlishin, dessen Bilder Mensch und Natur des Fernen Ostens Russlands sehr lebensnah, schöpferisch und hinreißend schön darstellen. Auf dem besagten Gemälde thront ein knurrender Tiger am Rand der Wildnis über einer Meeresbucht im Hintergrund, während die qualmenden Schornsteine einer Fabrik und eines alten Dampfers auf dem entfernten Wasser den Himmel verdunkeln. Ein Bild, das die immer näher rückende und naturverschlingende Industrialisierung der Welt perfekt illustriert. Für mich ist es ein wunderschönes Bild, das auf der einen Seite die Magie aufzeigt, die wir mit unserem Hunger nach immer mehr aufs Spiel setzen, und auf der anderen Seite sichtbar macht, welch düstere Welt wir mit diesem Verhalten unseren Nachfahren hinterlassen.

Natürlich ist die heutige Technologie nicht nur schädlich, und wir verwenden und benötigen sie alle. Doch wir setzen uns selbst viel zu wenig Grenzen. Würden wir das tun, müsste der Taiga-Lebensraum des Amurtigers zum Beispiel nicht geschädigt werden. Und auch nicht der des nordamerikanischen Grizzlys.

↑
Pavlishins Kunst.

→
Nichts symbolisiert intakte Wildnis besser als ein Grizzly.

TAGEBUCHEINTRAG, 29. SEPTEMBER 1997

Banff-Nationalpark, Kanada

»Dieses Abenteuer fühlt sich an wie ein Abschied vom Sommer. Ein Abschied von den Farben, den Gerüchen, den Bären. Bald wird die Herbstlandschaft unter einer Schneedecke versteckt sein, bis im nächsten Frühling das Leben wiedererwacht. Obwohl mir auf dieser Wanderung vier Bären über den Weg gelaufen sind und ich in Alaska Hunderte von Begegnungen hatte, sehne ich mich nach einem weiteren Bären. An einem typischen Herbsttag wie diesem, wo graue Wolken den Himmel beherrschen, kühle Windböen an den verbleibenden goldenen Espenblättern zupfen und der erste Schneesturm unmittelbar bevorsteht, sehne ich mich danach, einen letzten Grizzly zu erspähen. Es ist wie ein leidenschaftlicher Herzensschmerz, ähnlich wie man manchmal eine Person vermisst.«

LACHS- UND MUSCHEL-UCHA
MIT FARNSPITZEN UND HERINGSKAVIAR

FÜR 4 PERSONEN

1 Lachsknochen von einem filetierten Fisch
½ Zwiebel, geviertelt
2 Lorbeerblätter
2 Prisen Meersalz
10 Pfefferkörner
1½ l Wasser
1 EL Sonnenblumenöl
½ Zwiebel, gehackt
200 g Miesmuscheln (*Mytilus edulis*)
200 g Venusmuscheln (*Saxidomus gigantea*)
100 ml Weißwein
80 g Seespargel (*Salicornia pacifica*)
20 frische Trichterfarnspitzen (*Matteuccia struthiopteris*), gedämpft
Butter
100 g Heringskaviar (*Clupea pallasii*)

1 Lachsfilet (ca. 500 g), in 4 cm große Würfel geschnitten
4 Meerlattichblätter (Grünalge; *Ulva lactuca*), getrocknet

Orange = keine Bärennahrung
Schwarz = Bärennahrung

Lachsknochen, geviertelte Zwiebel, Lorbeer, Salz, Pfefferkörner und das Wasser in einen Topf geben und langsam zum Sieden bringen. 2 Stunden köcheln lassen. Dann absieben. Den Fond zurück in den Topf geben und warm halten.

In einem zweiten Topf das Öl erhitzen und die gehackte Zwiebel darin andünsten. Die Muscheln dazugeben und umrühren. Mit dem Weißwein ablöschen und sogleich den Deckel auf den Topf geben. Die Muscheln 3–5 Minuten dämpfen. Dann den Seespargel dazugeben.

Die vorgedämpften Farnspitzen kurz in wenig Butter erhitzen und auf einem kleinen Teller anrichten. Den Heringskaviar darauf verteilen.

WASSER UND LUFT

Den Fischfond und die Muscheln vermischen und unter dem Siedepunkt heiß halten. Die rohen Lachswürfel und den Meerlattich dazugeben und 5 Minuten stehen lassen.

Die Fischsuppe zusammen mit den angerichteten Farnspitzen servieren.

Varianten
Anstelle von Farnspitzen und Seespargel kann man Spinat und grünen Spargel verwenden. Heringskaviar ist je nach Region nicht einfach zu finden. Rogen vom Fliegenfisch sehen ähnlich aus und schmecken sehr gut.

Bärennahrung
Oft sieht man Bären in Küstennähe, wie sie die Strände nach Fressbarem absuchen. Dieses Rezept beinhaltet Zutaten aus diesem ganzen Lebensraumabschnitt in der Gezeitenzone, wo die Bären reichlich Nahrung finden. Bären fressen verschiedene Muschelarten. In Alaska graben vor allem Weibchen und jüngere Tiere Venusmuscheln aus. Für die größeren männlichen Bären geben diese Krustentiere nicht genug her, um sich die Mühe zu machen. Auch Krebse und kleinere Meerestiere, die sie unter größeren Steinen finden, stehen auf dem Speiseplan von Bären.
Braun-, Schwarz- und Eisbären wurden schon beim Fressen von Seealgen beobachtet. Achtung! Die meisten der Farnarten sind genießbar, jedoch nicht alle.

WASSER UND LUFT

CHARLIE RUSSELL

2004 folgte ich einer Einladung von Charlie Russell, mit ihm den Sommer am Südzipfel der Kamtschatka-Halbinsel im Fernen Osten Russlands zu verbringen. Charlie benötigte einen Partner, um fünf adoptierte verwaiste Braunbärenjunge auszuwildern und ihnen damit eine zweite Chance auf ein Leben in freier Wildbahn zu ermöglichen. Die fünf Waisen, Gena, Shena und Sky sowie Buck und Wilder, kamen aus zwei verschiedenen Würfen; beide Mütter waren von Wilderern erschossen worden. Die Chancen für einen Jungbären, in freier Wildbahn ohne den Schutz seiner Mutter zu überleben, sind sehr gering. So bemühten wir uns einen Sommer lang, die Aufgaben einer Bärenmama zu übernehmen.

Zwanzig Jahre später spüre ich nach wie vor dieselbe Glückseligkeit und Dankbarkeit wie damals, bei einem solch ultimativ lebenserfüllenden Projekt dabei sein zu dürfen. Die Erinnerungen an die täglichen Spaziergänge und Kapriolen dieser mutigen und meist lebenshungrigen pelzigen Strolche werden mich noch für lange Zeit begleiten. Meist lebenshungrig jedenfalls, weil Wilder und Buck, die beiden Jungs der fünf Waisen, anfangs ihrem neuen Zuhause und ihren neuen Eltern, Charlie und mir, oft nur mit hängendem Haupt und mit wenig Selbstvertrauen begegneten. Welche Erinnerungen an uns Zweibeiner, neben dem von Menschenhand herbeigeführten Tod ihrer Mütter, sonst noch ihren Horizont verdunkelten, konnten wir nur erahnen.

 Deshalb war ihr »Erwachen«, ihre neu entdeckte Lebensfreude nach Dutzenden von Abenteuern bei gemeinsamen Ausflügen zuckersüß. Während der regelmäßigen Wanderungen mit unseren Schützlingen brachten wir ihnen ihren neuen Lebensraum näher, vereinfachten ihnen das Fangen von Lachsen, schützten sie gegen Angriffe von aus-

↑ Das Gefühl, mit diesen Jungbären durch die Wildnis zu ziehen, ist kaum zu beschreiben.

← Als wäre es letztes Jahr gewesen. Dieser Sommer mit Charlie wird immer in Erinnerung bleiben.

gewachsenen Männchen oder vereinten die fünf Bälger nach tagelanger ungewollter Trennung wieder miteinander. Ich glaube auch, dass wir den fünf Jungbären durch Zuneigung und Liebe ein Zusammengehörigkeitsgefühl und ein verstärktes Selbstvertrauen mit auf ihren Weg gaben. Das Ziel war, dass die fünf Strolche im Spätherbst allein ihr Winterlager ausfindig machen würden, sodass sie dann nach dem langen Schlaf im nächsten Frühling unabhängig von uns zweibeinigen Assistenten ihr Leben in freier Wildbahn verbringen konnten.

Vor allem bei Buck war die Wandlung vom scheuen und eher knurrigen Bären zum viel selbstsichereren und zufriedeneren Tier durch wiederholt positive Erfahrungen mit uns Zweibeinern offensichtlich. Das zu sehen, tat gut, denn mit dem gewaltsamen Tod seiner Mutter hatte der aufgeweckte Buck keinen guten Anfang erlebt. Alles ging wunderbar mit der Aufzucht der Jungen, bis Buck eines Tages bei einer gefährlichen Expedition, als die Waisen schon oft allein und ohne Charlie oder mich unterwegs waren, verloren ging. Er kam abends nicht mehr mit den anderen vier Raufbolden nach Hause. So nahmen unsere schlaflosen Nächte als Adoptiveltern der Jungbären ihren Anfang. Was Buck anging, hatten wir die schlimmsten Befürchtungen.

Wir suchten zwei Tage die neblige Landschaft mit den typischen »Hey little bears!«-Rufen kilometerweit ab. Keine Spur von Buck weit und breit. Am vierten Tag nach seinem Verschwinden waren wir mit den verbliebenen vier Youngsters um den nahe gelegenen Kambalnoy-See unterwegs. Die traurigen Gedanken an einen frühen Tod von Buck, möglicherweise durch einen ausgewachsenen männlichen Bären, begleiteten uns an diesem Morgen. Auch seine Schwester Sky, die normalerweise eine der unternehmungslustigsten dieser kunterbunten Bande war.

Gena, wer als diese verfressene junge Dame sollte es anders sein, fand auf dieser Wanderung den ersten ausgelaichten Rotlachs am Ufer des Sees. Sie packte den schon halb verwesten Fisch, und mit den drei anderen Jungen im Schlepptau fing sie an, den Lachs im Grün der Uferböschung zu fressen. Doch dann geschah etwas sehr Unerwartetes. Gena, die bei jeder Fressgelegenheit die eindeutige Anführerin war, ließ den Fisch liegen, und mit der Nase am Boden begann sie, den Hang hinter ihr zu inspizieren. Sky und die beiden anderen waren unmittelbar hinter ihr, und alle folgten der für uns unsichtbaren Spur mit großem Interesse. Immer weiter kraxelten die vier Jungen mit der Nase am Boden den Steilhang in Richtung der ersten Klippen hoch. Plötzlich tauchte aus den mit Erlen bewachsenen Klippen weiter oben ein dunkelbrauner Bär auf, welcher anfänglich sehr ängstlich wirkte. Charlie und ich konnten den vier Strolchen in diesem steilen Hang nicht so gewandt folgen. Auch hatten wir Angst um unsere Schützlinge. Wir dachten, dass dort, wo der dunkle Bär aus den Büschen trat, vielleicht seine Mutter in den Erlen saß. Bis uns Gena & Co. eines Besseren belehrten. Die Bären kamen einander zaghaft immer näher, bis sich ihre Nasen zum Testgeruch berührten, und wir realisierten, dass die

→
Die Lebensfreude der Bärenjungen war ansteckend.

↓
Sky und Gena teilen sich einen Rotlachs.

Jungen den verloren geglaubten Buck wiedergefunden hatten. Das war unglaublich für Charlie und für mich, denn in unseren Gedanken war der gute Buck nicht mehr unter den Lebenden gewesen. Charlie schüttelte den Kopf, und mit einem großen Grinsen im Gesicht wiederholte er mehrere Male: »It's Buck! I can't believe, it's Buck!«

Der normalerweise so scheue Buck schien aufgeregt, erfreut und erleichtert zugleich, dass er nicht mehr allein war. Er hatte sich in seiner Einsamkeit einen sehr guten Ort ausgesucht. Viele andere Bären wanderten regelmäßig um den See auf der Suche nach Lachsen. So war er in diesen Klippen unmittelbar über dem See in relativer Sicherheit, und trotzdem hatte er es nicht weit, um Nahrung zu finden. Zudem wusste er wahrscheinlich auch, dass er uns irgendwann auf diesem Pfad, den wir mit den Jungen oft begingen, wieder erwarten konnte.

Das war eines von unzähligen Abenteuern, die wir in diesem Sommer mit unserem pelzigen Anhang erlebten. Die täglichen Exkursionen wurden, je älter die Jungen wurden, immer länger. Auf einem dieser Ausflüge kam der Zeitpunkt, wo sich die Jungen spät am Tag gähnend in ihr Nachtlager legten, das sie unter einem Erlenstrauch aus der Erde gescharrt hatten. Die Nachricht war klar: Heute kommen wir nicht nach Hause. Das war dann auch die erste Nacht, die sie allein ohne uns verbrachten. Dieses Loslassen, ähnlich wie bei unseren eigenen Kindern, war nicht einfach. Vor allem waren die Kleinen noch nicht wirklich auf ein autonomes Leben vorbereitet. Sie waren, besonders was andere, größere und potenziell kannibalistische Männchen anging, viel zu naiv.

Doch unsere Ängste waren unnötig. Am nächsten Tag trafen sie früh am Morgen polterndes Schrittes rechtzeitig für ihr Haferflockenfrühstück bei unserer Hütte ein. Wir mussten die fehlende Muttermilch, die bis zu dreißig Prozent Fett enthält, irgendwie ersetzen, damit die Jungen ihren Winterspeck ansetzen konnten. Das taten wir mit einer Kombination von Haferflocken und Sonnenblumenkernen. Immer wieder testeten wir die natürlich vorkommenden Nahrungsmittel an den Waisen. Ohne Ausnahme bevorzugten unsere Kids Wildnahrung wie Pinienzapfen oder Lachse, wenn sie die Wahl hatten. Wenn man sich überlegt, dass sich Bären über Millionen von Jahren Entwicklung perfekt ihrem Lebensraum und den dort verfügbaren Nahrungsmitteln angepasst haben, ergibt das auch Sinn.

Unsere eigene Nahrung war meist ziemlich mager, weil wir immer nur dann frische Produkte erhielten, wenn ein Helikopter bei uns landete, was im ganzen Sommer zweimal vorkam. Zudem fehlte uns der Luxus eines Kühlschranks. Um unser Gemüse so kühl wie möglich zu lagern, schaufelten wir direkt hinter der Hütte eine metertiefe Vorratskammer in die Erde. Dieses Loch schützten wir mit Brettern vor Erosion. Da sich diese irdene Kühltruhe innerhalb des Geländes befand, welches wir mit einem Elektrozaun schützten, waren unsere Fressalien auch vor Bären sicher. Weil Charlie und ich wenig Frischprodukte hatten, sammelten wir umso mehr, was die Natur hergab. Sauerampfer zum Beispiel fanden wir, genau wie die Bären auch, an vielen Orten in dieser uralten Landschaft. Die sattgrüne Pflanze war für uns nicht nur eine willkommene geschmackliche Abwechslung, sondern hatte auch als Heilkraut ihre Wirkung.

←
Wenn die Jungen müde waren, legten sie sich an Ort und Stelle nieder und schliefen, während wir geduldig warteten.

→
In diesem Sommer waren nur drei Helikopter zu sehen, sonst waren wir allein.

CHARLIE RUSSELL

Auf dem Markt von Petropawlowsk kauften wir offene Butter. Diese wurde von der Verkäuferin in drei Kilogramm schweren, dicken Stangen in altem Zeitungspapier eingewickelt. Ich war überrascht, wie lange die Butter hielt. Wenn sich das gelbe Fett grünlich von Schimmel verfärbte, schnitten wir die oberste Schicht einfach weg. Es waren einige wenig komfortable Monate, doch für nichts auf der Welt hätte ich diese Erfahrungen getauscht. Wie jeder Aufenthalt in ungezähmter Natur nährte dieser Sommer meine Seele besonders. Eine solch lebensnahe Erfahrung erfüllt mich mit einer Zufriedenheit und inneren Ruhe, für die andere lange irgendwo in der Abgeschiedenheit meditieren müssen. Nicht, dass mein Weg der bessere wäre. Er ist einfach meiner. Jegliche Gelüste nach der sogenannten zivilisierten Welt verschwinden fast gänzlich. Mit Ausnahme des Gefühls, die Lebenspartnerin und die damit verbundenen Zärtlichkeiten zu vermissen. Natürlich fehlen mir auch die Kinder, doch deshalb organisieren wir auch immer wieder Exkursionen, an denen sie ebenfalls teilnehmen und dabei dieselben Erlebnisse ihr Sein mitformen.

Sobald die Zapfen der Zwergpinien anfingen zu reifen, knabberte ich bei jeder Wanderung die fetthaltigen Samen heraus. Im Bach hinter der Hütte versammelten sich Hunderte von Saiblingen, die mindestens zweimal pro Woche auf unseren Tellern landeten. Diese waren auch die ersten Fische, die unsere Jungen verzehrten. Mithilfe dieser Salmoniden verhalfen wir den Kleinen dazu, auf den Geschmack von Lachs zu kommen. Als sie danach die laichenden Rotlachse auf unseren gemeinsamen Touren um den See erst einmal entdeckt hatten, wuchs ihr Fettpolster merklich schneller an.

Das ist alles, was von Wilder noch übrig war.

Anfang Oktober wogen unsere Jungen einiges mehr als die Jungbären, die mit ihren Müttern unterwegs waren. Vor allem die Anführerin Gena glich eher einem pelzigen Kugelfisch als einer jungen Bärin. Einzig Wilder hielt nicht wirklich mit den anderen vier mit, obwohl er von ihnen nie ausgegrenzt oder zurückgelassen wurde. Deshalb war es auch nicht unbedingt überraschend, dass er als Einziger der fünf seinen ersten Sommer nicht überlebte. Wilder wurde tragischerweise Ende des Sommers Opfer eines kannibalistischen Männchens. Wir mussten nach seinem Verschwinden nicht lange nach ihm suchen. Wir entdeckten den Kannibalen am nächsten Morgen bei seinem Mahl in Sichtweite der Hütte. Das war nicht einfach zu verdauen. Doch bei den Freiheiten, die sich die Jungbären nahmen, hatten wir Glück, dass wir schlussendlich nur einen von unseren fünf Schützlingen verloren. Die restlichen vier fertigten sich Anfang November an einem idealen Ort unter einem Erlenbusch ihr Erdloch an, in das sie sich alle miteinander für die Winterruhe zurückzogen, als hätten sie es schon immer so gemacht.

Fast fünfzehn Jahre später einigten Charlie und ich uns im Winter 2017/18 darauf, ein weiteres Mal zusammen zum Kambalnoy-See zu reisen. Der Plan war, noch einmal diese traumhafte Landschaft gemeinsam zu durchwandern und die erlebten Abenteuer mit Sky, Gena, Shena, Wilder und Buck noch ein letztes Mal hochleben zu lassen. Ich hatte das Geld für Flüge, Helikopter und Parkgenehmigungen für uns beide schon zusammen. Doch dazu kam es leider nicht mehr. Charlie verstarb unerwartet am 10. Mai 2018. Er wurde sechsundsiebzig Jahre alt. Leider kann er den Bären nicht länger als einer ihrer besten Wortführer beistehen. Ähnlich wie Diane Fossey mit den Gorillas in den 1970er-Jahren umging, war auch Charlie einer der Ersten, der Bären nicht dämonisierte, sondern sie im richtigen Licht als meist friedfertige Tiere darstellte.

Der Mann hatte jedoch lange das Glück einer Katze mit ihren neun Leben gehabt. Auf unseren regelmäßigen Spaziergängen durch die mit kleinen Seen durchsetzte Wildnis deutete er mehrmals während dieses Sommers 2004 auf das eine oder andere Gewässer mit den Worten: »Einmal hatte ich hier eine Bruchlandung.«

Zusammen mit seiner damaligen Partnerin, der Künstlerin Maureen Enns, verbrachte Charlie fast zehn Jahre am abgelegenen Kambalnoy-See. Als er zu Beginn dieses Projekts verkündete, dass sein Transportmittel ein Ultraleichtflieger der Marke Kolb sein würde, ausgestattet mit Schwimmern, prophezeiten viele, dass er kein Jahr in dieser von regelmäßigen Stürmen heimgesuchten Region Russlands überleben würde. Doch obwohl er einige brenzlige Situationen überstand, waren es schließlich die russischen Behörden, die sein Lieblingsspielzeug beschlagnahmten und seiner Fliegerei in Kamtschatka ein Ende setzten. Das hielt ihn jedoch nicht vom Fliegen in Kanada ab. Und auch

TAGEBUCHEINTRAG, 8. AUGUST 2018
Kambalnoy-Fluss

»Ich hatte diesen Monat eigentlich für Streifzüge zusammen mit Charlie reserviert. Ich wäre so froh gewesen, wäre es mir gelungen, ihm zu helfen, diese Möglichkeit eines letzten Besuchs zu verwirklichen. Charlies letzter Besuch hier hatte 2005 stattgefunden. Ein weiterer Traum wäre wahr geworden, mit ihm nochmals all die Pfade zu begehen und von ihm zu hören, welche Veränderungen er seit seinem letzten Abstecher hierher beobachtet hat. Es hat nicht sein sollen. Stattdessen erzähle ich nun meiner kleinen Gruppe Bärenfans, die mitgereist sind, Geschichten von diesem außergewöhnlichen Mann und meinem außergewöhnlichen Sommer 2004 mit ihm.«

nicht von weiteren Notlandungen. Als er 2010 in einem kleinen Dorf im Norden von British Columbia mit seiner Kolb startete, wurde sein Fluggerät seitlich von einer starken Windböe durchgeschüttelt. Sekunden später hatte er den Flieger wieder unter Kontrolle, doch er steuerte viel zu tief auf eine Baumgruppe zu, die er schlussendlich mit einem Flügel streifte. Auch wenn sein Fluggerät stark beschädigt war, endete auch dieses Malheur für Charlie lediglich mit einigen wenigen Kratzern.

Als ich nach Charlies Tod 2018 mit einer kleinen Gruppe auf Charlies Hütte zulief, sah ich auf den ersten Blick, dass etwas mit dem Gebäude nicht stimmte. Das Dach der Veranda war eingestürzt. Der Grund dafür war wohl eine zu große Schneelast in Verbindung mit dem einen Stützbalken, der nach und nach von Bären zu einem immer dünneren Pfosten abgescheuert worden war. Dass dieser Balken jedoch genau im selben Frühling, als Charlie starb, einstürzte, ist wohl ein verblüffender Zufall. Charlie und Maureen hatten die Hütte seinerzeit nicht nur mit den Gedanken an die extremen Winterstürme gebaut, sondern auch daran, dass sie den Bären und deren Kratzeinlagen möglichst lange standhalten sollte.

    Leider halten die Russen die Hütte nicht für wichtig genug, um sie weiter zu unterhalten. Schade, denn strategisch ist dieser Ort im Schutzgebiet, der über die Jahre immer wieder Wilderer anlockte, von großer Bedeutung. Doch vielleicht hätte Charlie das auch so gewollt. Dass nämlich der Standort der Hütte langsam wieder gänzlich von den Bären übernommen wird, was womöglich auch die Wilderer, die in der Vergangenheit diese Behausung benutzt hatten, davon abhalten wird, ihr blutiges Geschäft in dieser Naturoase zu verrichten.

Charlie und vier unserer
Schützlinge (2004)

GERÄUCHERTER SILBERLACHS MIT ENTENSPIEGELEI UND SEESPARGEL-SALZMIEREN-SALAT

FÜR 4 PERSONEN

400 g Silberlachs (*Oncorhynchus kisutch*), geräuchert (siehe Seite 100)
100 g Seespargel (*Salicornia pacifica*)
100 g Salzmiere (*Honckenya peploides*)
1 EL Walnussöl
4 Enteneier
1 EL Sonnenblumenöl
2 Prisen Meersalz

12 Pracht-Himbeerblüten (*Rubus spectabilis*)
8 Nutka-Himbeerblüten (*Rubus parviflorus*)

Orange = keine Bärennahrung
Schwarz = Bärennahrung

Den geräucherten Lachs wie auf Seite 100 beschrieben zubereiten.

Den Seespargel und die Salzmiere 1 Stunde in kaltem Wasser einweichen, um überschüssiges Salz zu entfernen. Dann trocknen und mit dem Walnussöl mischen.

Die Enteneier im erhitzten Sonnenblumenöl zu Spiegeleiern braten. Mit wenig Salz bestreuen.

Den Räucherlachs mit dem Spiegelei und dem Salat anrichten und mit den Blüten garniert servieren.

Varianten
Statt Seespargel kann man grünen Spargel verwenden, und die Miere könnte durch Kresse ersetzt werden.
Die Beerenblüten kann man durch Rosenblätter, Erdbeerblüten, Veilchen oder irgendeine andere essbare Blüte ersetzen.
Übrigens: Die Eier habe ich nicht von Wildenten gestohlen! Die Enten gibt's auch domestiziert. Wenn man keine Eier von Wildenten findet, einfach auf Hühnereier zurückgreifen.

Bärennahrung
Alles in diesem Rezept ist Nahrung von Bären.
Bären fressen Walnüsse, deshalb zähle ich auch deren Öl zur Bärennahrung.

CHARLIE RUSSELL

WILDSCHWEIN MIT BLAUEM KARTOFFELPÜREE, MARRONI, ÄPFELN UND STEINPILZEN

FÜR 4 PERSONEN

Für das Kartoffelpüree:
8 blaue Bio-Kartoffeln
200 ml Vollrahm (Sahne)
4 EL Olivenöl
3 Prisen Meersalz

Für die Sauce:
½ rote Zwiebel
1 Rosmarinzweig
2 EL Sonnenblumenöl
300 ml Rotwein
Wasser
100 g Butter, weich
2 Prisen Meersalz
Pfeffer aus der Mühle

Außerdem:
120 g Marroni (Maronen)
4 mittelgroße Steinpilze
5 EL Sonnenblumenöl
Salz
1 Apfel
400 g Wildschweinrücken
4 Prisen Meersalz
Pfeffer aus der Mühle
Butter

Für das Püree die Kartoffeln schälen, grob klein schneiden und in kochendem Wasser garen. Durch das Passevite treiben und mit dem Rahm, dem Olivenöl und dem Salz abschmecken.

Für die Sauce die Zwiebel hacken und mit dem Rosmarin im Öl anziehen lassen. Mit dem Wein ablöschen, diesen einköcheln lassen und nach und nach wenig Wasser dazugeben. Mit der weichen Butter, Salz und Pfeffer verfeinern und abschmecken. Nicht mehr kochen.

Varianten
Weil ich keine schwer erhältlichen Zutaten verwende, sind Varianten hier kein Thema.

Bärennahrung
Dieses Rezept beinhaltet von allen Rezepten dieses Buches die meisten Nahrungsmittel, die nicht Teil von natürlicher Bärennahrung sind. Doch auch hier werden alle Hauptzutaten irgendwo von Bären in freier Wildbahn gefressen. Ich habe blaue Kartoffeln verwendet, weil auch Bären kartoffelähnliche Pflanzen fressen. Zum Beispiel

Die Marroni oben einschneiden und im Backofen bei 220 Grad Umluft etwa 30 Minuten backen. Für die letzten 10 Minuten etwas Wasser auf das Blech geben. Die Marroni noch warm schälen.

Die Steinpilze in dicke Scheiben schneiden und in 2 Esslöffeln erhitztem Öl braten. Mit 2 Prisen Salz würzen.

Den Apfel entkernen und ungeschält in Schnitze schneiden. In 1 Esslöffel erhitztem Öl 5 Minuten goldbraun braten.

Das Fleisch in Streifen schneiden und bei starker Hitze kurz

die Wurzeln von *Hedysarum sulphurescens*, einer Süßkleeart. Diese Wurzeln schmecken süßlich und enthalten viel Stärke, ähnlich wie Kartoffeln, und sind heute noch teilweise als Eskimokartoffel bekannt.
Der Muskelhöcker hinter dem Kopf von Grizzlybären verleiht diesen Tieren im wahrsten Sinne des Wortes Bärenkräfte, um ihre Winterhöhle und die verschiedenen Wurzeln auszugraben. Wildschwein steht in Russland auf dem Speiseplan von Bären, wo sie manchmal dem Amurtiger die Beute stehlen.

in 2 Esslöffeln erhitztem Öl anbraten. Salzen, pfeffern und mit wenig Butter verfeinern. Nochmals schwenken und beiseitestellen. Abtropfen lassen und den Bratensaft zur Rotweinsauce dazugeben. Wenn alles bereit ist, das Fleisch mit der Sauce mischen und nochmals leicht erhitzen.

Mit zwei Esslöffeln vom Püree drei Klöße abstechen und diese sternförmig am Tellerrand platzieren. Die Fleischstreifen mit der Sauce in die Tellermitte geben. Die Marroni, die Äpfel und die Pilze rundherum verteilen. En Guete!

Welche Pilze von Bären gefressen werden, ist im entsprechenden Kapitel ab Seite 195 zu lesen. Marroni (Edelkastanien) wurden durch die Römer vor langer Zeit in ganz Europa bekannt und haben sich heute an vielen Standorten als heimische Pflanzen in das Ökosystem integriert. So gelten sie heute in Ländern wie Italien und Spanien als wichtiges Nahrungsmittel von Bären. Bären trinken (noch) keinen Rotwein. Doch weil Wildtrauben Bestandteil ihrer Nahrung sind, lasse ich ihn hier als Bärennahrung gelten.

Dank

Als Erstes möchte ich Urs Hofmann, dem Verlagsleiter des AT Verlags, herzlichst für sein Vertrauen und seine unkomplizierte Art danken. Ich war nicht schlecht überrascht, als er mir nach einem ziemlich kurzen Gespräch in einem Café grünes Licht für dieses nicht alltägliche Projekt gab.

Nachdem Kanada nun schon seit bald vierzig Jahren mein Zuhause ist, fällt es mir nicht mehr leicht, mich in meiner Muttersprache auszudrücken. Ich träume und schreibe meine Tagebücher auf Englisch. Mein geschriebenes Deutsch hat nicht denselben Fluss, deshalb gilt meine Dankbarkeit auch dem ganzen Verlagsteam, vor allem aber den Lektorinnen Nicola Härms und Anna Maggi sowie der Korrektorin Corinne Hügli, die sich mit meiner polyglotten Sprachanwendung auseinandersetzen mussten.

Ich möchte auch Gaby Baumann vom Wörterseh Verlag wieder einmal innig danken, denn ohne sie hätte ich gar nie angefangen, Bücher zu schreiben. Sie war es, die mich nach einem unangemeldeten Besuch bei einem meiner Vorträge 2010 direkt und ohne Umschweife fragte: »Reno, möchtest du ein Buch schreiben?« Gaby war es auch, die mich dann letztes Jahr mit Urs Hofmann in Kontakt brachte, als die Idee vom neuen Buch entstand.

Dass sich Wolf-Dieter Storl mit seinem tiefen Wissen und seiner einfühlsamen Schreibweise bereit erklärt hat, das Vorwort für dieses Buch zu schreiben, freut mich enorm. Bärigen Dank dafür, Wolf.

Zudem bin ich vielen Freundinnen und Freunden für ihre Unterstützung während des letzten Jahres dankbar. Dazu gehören Rick und Maureen, die mich immer wieder mit Lesestoff belieferten und mir einmal sogar einen Bärenkot voller Haferflocken vor die Türe gelegt haben. Dave Mattson und Louisa Willcox haben mir mit viel Geduld und ihrem breiten Wissen immer wieder meine vielen Fragen betreffend Bärennahrung und Biologie beantwortet. Stephane Prevost, ein Restaurantbesitzer in Banff, hat mich mit Fischkaviar beschenkt, der im Buch abgebildet ist. Mein Dank geht auch an meine Freunde Uriah und Laura Strong, Tom Nave und Susan Cox und Gordon Chew aus Alaska, die mir in etlichen logistischen Angelegenheiten zur Seite standen. Als Pilzkontrolleur hat mich Urs Weibel beraten. Scott Rowed half mir, viele alte und verstaubte Dias in ein digitales Format umzuwandeln. Und

dank meiner Nachbarin Lynne Marriotte verstehe ich Diabetes und was dabei im Körper geschieht nun besser, auch in Bezug auf Bären.

Meiner Familie gilt ein besonderer Dank. Immer wieder mussten sie meine Natureskapaden mitmachen und dabei oft auf allen Vieren beim Pflücken von Essbarem schuften. Oder zu Hause beim Kochen als Versuchskaninchen hinhalten. Deshalb waren Andrea, Isha und Ara wohl auch nicht allzu betrübt, wenn ich mich wieder für einige Wochen in die Wildnis absonderte. I love you all!

Der größte Dank gilt allerdings den vierbeinigen Darstellerinnen und Darstellern in diesem Buch, die mich nicht nur für dieses Projekt immer wieder von neuem inspirieren, sondern mich vor vielen Jahren mit ihrem bescheidenen Sein auf einen neuen Pfad führten. Ein Pfad der Selbstfindung, auf dem ich für den Rest meines Lebens unterwegs sein werde.

Mit einer großen Bärenumarmung an euch alle

Reno Sommerhalder
August 2024

Autor

1965 in Zürich geboren und aufgewachsen, arbeitete Reno Sommerhalder als Koch, bis ihn das Fernweh nach Kanada in die verschneiten Rocky Mountains führte, wo er nun seit bald dreißig Jahren zu Hause ist.

Eines Nachts wurde er in seinem Zelt von einem Bär überrascht – eine tiefschürfende Erfahrung, die sein Leben für immer veränderte. Er verschrieb zuerst seine Freizeit und später sein ganzes Leben dem Bären- und Umweltschutz.

Heute arbeitet Reno Sommerhalder als Bärenexperte, Wildnisguide, Naturfotograf und Filmemacher auf der ganzen Welt. Mit seinen Workshops, Kursen, Multimediashows, geführten Bärentouren und dem Kochen von Bären-Menüs leistet er Aufklärungsarbeit und bringt die Bären den Menschen näher.

Rezeptverzeichnis

Bison-Carpaccio 54

Chorizo vom Maultierhirsch mit Säuerlingsalat und Hundszahnknollen 192

Distelrahmsuppe mit Hundszahnknollen, Wildzwiebeln und Sonnenblumenkernen 114

Gemüse-Krapfen (Bären-) 40

Heilbutt mit Knollen der Schatten-Schachblume, Entenei und wildem Schnittlauch 154

Lachs- und Muschel-Ucha mit Farnspitzen und Heringskaviar 216

Löwenzahnsalat mit gehacktem Ei und gerösteten Pinienkernen 86

Maultierhirschburger mit Morcheln und Löwenzahn-Weideröschensprossen-Salat 180

Nuss-Torte (Bären-) 28

Omelette aus Enteneiern mit Brennnesselspinat und gedämpften Weideröschensprossen 128

Polenta-Pfannkuchen mit Weideröschensirup, wilden Heidel- und Erdbeeren 68

Silberlachs, geräuchert 100

Silberlachs, geräuchert, mit Entenspiegelei und Seespargel-Salzmieren-Salat 230

Sorbet von Hagebutten und Wildapfel auf Wildbeerencoulis 140

Weißwedelhirsch mit Löwenzahnspinat, Wildmorcheln und Erdbeeren 168

Wildente auf Preiselbeer-Wildapfel-Sauce mit Eierschwämmen 202

Wildschwein mit blauem Kartoffelpüree, Marroni, Äpfeln und Steinpilzen 232

Autor und Verlag haben sich bemüht, alle Rechte-
inhaberinnen und -inhaber von abgedruckten
Bildern zu ermitteln. Sollte das in einigen Fällen nicht
gelungen sein, bitten wir, dies zu entschuldigen.
Versäumtes werden wir in weiteren Auflagen selbst-
verständlich ergänzen.

© 2024
AT Verlag AG, Aarau und München
Umschlagbild: Reno Sommerhalder
Bilder: Seite 104: Christian Mettler; Seite 121: Amar Athwal;
   Seite 136: Beatrice Feiner; Seite 214: Gennady Pavlishin;
   Seiten 142/143: © Tompkins Conservation, Linde Waidhofer;
   Seite: 238: Andrea Pfeuti; alle übrigen: Reno Sommerhalder

Lektorat: Nicola Härms
Grafische Gestaltung und Satz: AT Verlag
Bildbearbeitung: Christian Spirig, bilderbub.ch
Druck und Bindearbeiten: Firmengruppe APPL, aprinta druck, Wemding
Printed in Germany

ISBN 978-3-03902-247-2

www.at-verlag.ch

Der AT Verlag wird vom Bundesamt für Kultur
für die Jahre 2021–2025 unterstützt.